3分钟抢救美丽

小P老师的快速美妆窍门

小P老师
作品

CNS PUBLISHING & MEDIA
湖南文艺出版社
HUNAN LITERATURE AND ART PUBLISHING HOUSE
博集天卷
CS-BOOKY

美丽魔法 序

这个时代是变化且华丽的，“时尚”成了人们议论得最多的话题。我很喜欢好莱坞著名明星造型师雷切尔·佐伊（Rachel Zoe）说的一句话：其实，造型师的工作就是费尽心思让人美得毫不费力。作为魔法造型师，这也是我一直秉承的信念，希望每个愿意与美为伴的朋友，都能通过“美丽魔法”变得和从前不同，这种不同是充满魅力与向往的，由内而外释放着自信的力量。

写这本美丽魔法书的出发点，是我知道其实每个女生都拥有“驾驭时尚”的潜质，大部分人却停留在原地羡慕他人的惊艳。或许你刚从悠闲的校园步入竞争激烈的社会，还没适应角色的转变，身边出现了很多“辣妹”“潮人”。她们每天光鲜靓丽、受尽瞩目，能给同事、朋友带来欢笑和温暖；她们不只在工作中事事顺利，甚至在日常生活中也显现出独特的个人魅力。“为什么我不能像她那样？”你无数次在心里默默想着改变，低头看着穿得已磨白的牛仔裤，却不知从何处下手。或许你处理人际关系的能力很强，在高强度的工作中游刃有余，但属于你的“桃花”迟迟不来。每当看着姐妹淘一脸幸福地挽着心爱的“他”时，你心里都不是滋味。“我到底差在哪里，为什么没有人欣赏我？”对着镜子反复问自己后，仍然和往常一样，机械化地完成基础护肤和简单的化妆程序，惨兮兮地走出家门。

越来越多的调查显示，社会群体抱怨着“只有工作，没有生活”，他们貌似在向世界大喊：“还我一些爱自己的时间吧！”但这个时代好像没人不忙，匆匆过完一天，唯一期盼的是下班回家赖在沙发上，大口喝汽水吃零食，甚至连冲澡与否都成了让你纠结的事情。当我好不容易抓住个不用出差或上节目的休息机会时，我会赶紧享受自我放松的一刻，去健身房流流汗或是做次SPA，让自己沉浸在毫无压力的环境里，给平时被粉底压得难以透气的肌肤和过度紧绷的身体一次大休假。“如何正确地爱惜自己”也是我这些年最关注的问题，仅仅是用去美容院、睡美容觉、用名牌包包来填补平日的劳累？错！我认为真正懂得爱自己的人，是每天都尝试着发现自身的闪光点，通过自己的沉淀和修炼让它们逐渐变成周围人欣赏你的资本。

想必你也觉得有些明星大腕儿比刚进入荧屏时美了不知道多少倍，整容风波随之而来，社会质疑着她们面容的真实性，但这对她们的星途没有丝毫影响，她们仍旧自信满满地登上一个又一个领奖台。我必须说，她们学会了美丽魔法，将自己最有特点和吸引眼球的优势不断修饰，使其达到几乎完美的程度，展现给观众。不要再纠结“为什么我不如她”这种问题了，和我一起翻开这本美丽魔法书，你会发现有很多生活轨迹或困惑和你一样的女生，她们都可以从普通人变身为气度非凡、魅力无限的“萌妹”。进入这个行业太多年了，我越来越享受自己的工作和生活，我可以帮很多女生变得更爱自己，让她们发现越成长越美妙！让时尚做你的名片吧，发现一个全新的自己，开始一段不再平凡的人生路！

赫尔斯皮肤
管理中心
创始人
杨宇杉

小时候提到“美丽”这两个字，感觉是女生的专用词，和自己一点关系都没有。长大后，我发现美丽也影响着我，甚至可以改变我的人生。

“你一定要买这双皮鞋！你知道吗，穿上这双鞋的一瞬间，你会觉得走路都像踩在云里哦！”这是十几年前我第一次和小P逛街时他对我说的话。那时我还是个每天只穿休闲装、运动鞋的工科男，要我买一双上千块钱的皮鞋，简直是要了我的命！但或许是因为这位美丽魔法师的独特魅力，我竟然毫不犹豫地买下了它。穿上它的一瞬间，是否感觉像踩在云里我不记得了，只知道从此以后我一脚踏上了和从前完全不同的职业道路。定制西装三件套、条纹衬衫、单色领带和经典款袖扣，这些听上去烦琐却和时尚紧密相关的物件，成了我现在出门上班或参加活动的必备品。美丽带给我的自信不仅体现在一个曾经不善言辞的我，现在能得心应手地面对棘手的客户会议，在日常生活中，我也愿意将自己的个人魅力全然发挥。不敢说我的所有改变都源于那次和小P逛街，但他的态度的确影响和震撼着我，我也希望这种态度能感染着整个团队向更成功的高峰走去。

伊丽莎白女王说过，美丽是通往成功的推荐信。美丽的确是一种魔法，它可以改变你的一生！

前两天参加某品牌的新品发布会，他们提出的新品slogan（口号）我很喜欢：雕琢自我，执掌年轻。确实，生命就像宝石，需要经过不断打磨，才能无限接近最好的自己。品牌如此，女性更是如此。

也许是因为跟小P老师共事的缘故，他是个对细节要求完美的人，这种强大的精神力量也影响着整个团队，以至于这些年沉淀下来，我亲眼见证了若干同事摆脱青涩的过程，这其中就包括我自己。我是做电视出身的，做过这行的人都了解，熬夜做片子、录像到天亮，各种凌乱什么的，都是再正常不过的事情。那时候只要是开工，我从来都是球鞋、牛仔裤、大素颜……因为我很难想象，化着精致妆容、脚踩12厘米高跟鞋忙碌到后半夜是怎样一副惨状。低到尘埃里的装束也总是让我时时处处如履薄冰。后来工作渐入佳境，又因为从事时尚类媒体工作，耳濡目染地我也就越来越注意形象管理了。

第一次的变化我记得非常清楚，仍然是要持续到凌晨的工作，但心血来潮的我没有为了方便戴上近视眼镜、随便抓个马尾出现，而是涂了睫毛膏，把发尾用卷发棒卷了一下，形成一个小弧度，黑色针织短袖有当时最潮的肩部设计，卡其色的工装裤裤腿被卷起一个小边，百年不换的匡威换成了还算舒适、高度适宜的小细跟……这套今天看起来没什么的行头在那天彻底改变了我的人生。

合作很久、礼貌又保持距离的台湾主持人姐姐说："你今天怎么这么美？发生了什么？"那晚我在同事们的赞美和肯定中找到了更好的自己。后来不论多忙，我都坚持要以最佳的状态出现：即使晚上还有两个会，也要健身后再回到办公室。而逐渐加分的形象源源不断地给我提供精神支持，它让我产生这样的心理暗示："我还可以更好，虽然目前境况不顺，但我最终会挺过去，因为我总是优秀的那一个！"我相信，强大的心理暗示总会改变你的命运，带你走上更美好的未来！

上大学时，我的专业课老师说过一句始终影响我的话——每个女孩都应该把自己当作品牌来经营，你的每一次亮相，你说过的每一句话、做过的每一件事，上面都标有你自己的logo（标志）。十年之后，你究竟是香奈儿还是路边摊，都是自己造就的。

年华逝去是不可控制的，但找到每一个年龄段最好的状态是我们必须坚持的目标！优质的女性，任何时候都不是打折品！

当然，这绝不仅仅是一句口号。"优质"，绝对是经过雕琢的，这把刻刀就是努力、勤勉、乐观、积极……

媲美网
时尚先生网
总编
杜鹃

时尚主播
Linda

小P老师让我谈谈时尚对我的影响。哇！这真是一个很大的话题，回想一下自己走过的路，时尚还真是影响并改变了我的人生。我出生在一个很普通的家庭，在18岁之前，对时尚所有的认知应该就是妈妈的口红和香水了吧！而且那时候的自己根本不在乎这些东西，成天在为“我为什么而活，我到底能做什么”而纠结，痛并快乐着自己的青春期。现在想想，还蛮后悔的，别的女生都在打扮，好像只有自己成天跟假小子似的，所有我暗恋的男生都在暗恋别的女生。而那些女生几乎都是长发长裙一个模样，总之和我是完全反着来的，那时候我还自己安慰自己：男生，哼！一个字——“俗”。

这样的我走上时尚的道路，还真是天意的安排。记得那会儿在北京求学，真的是因为想业余时间多赚点零花钱才走上模特道路的。没想到一次杂志面试拍片改变了我。还记得那是《时尚伊人》找我拍的第一本杂志，上百个女孩参加面试，独独选中了我，这给了我很大的惊喜。从第一个月的第一本杂志，到第二个月三本，第三个月八本，直到所有杂志都找我拍片的时候，我的自信心极大地增强了。如果说一开始只是为了赚零花钱而去接触时尚工作，那现在的我则是真正地在时尚中寻找自我。

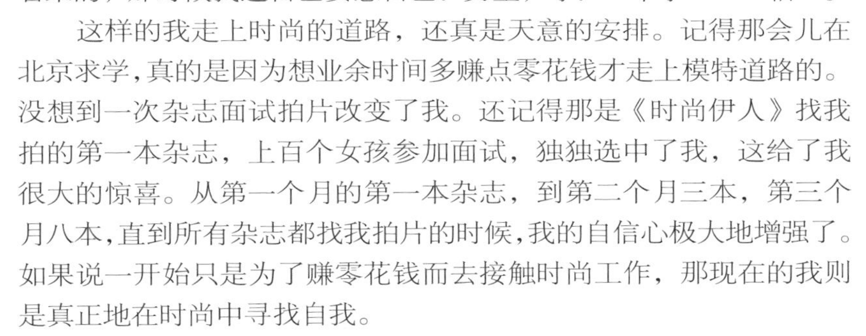

因为时尚，我开始对色彩感兴趣，对设计感兴趣，从而对音乐和电影感兴趣，深究下去，你会发现很多事物是息息相关的。现在的我觉得时尚不仅仅是简单的穿衣打扮，它还是一种生活方式，追求美好的生活方式。这几年我改变了很多，很多朋友都说Linda从最初的假小子变得有女人味了。以前我不喜欢弱者，所以在装坚强，现在我发现真正的坚强是发自内心的，外表美好、内心坚强的女性才能真正散发魅力。所以，女生要学会爱自己，从外在、内在全方面去爱自己，只有知道怎样爱自己，才会去爱别人。

想说的话真的是很多，从模特到时尚主播到时尚达人，到现在自己参与设计和搭配，三言两语说不清。只是想和很多女生说，事情要一点一点地认真去做，一点一点地发现生活中的美好，一点一点地去关爱自己。如果这些点点滴滴你都努力做好了，那你便会发现自己改变了。

Pstyle 造型
艺术总监
文子

记得有一天店里走进一位长发稍显凌乱、情绪有些低落的客人。她平时都是将头发随意散在身后，作为一名客户主管，她工作非常忙碌，很少有时间认真打理自己。由于刚经历了失败的婚姻，她想换个发型重新开始。我根据她的肤色、五官、面部轮廓、身材比例等综合因素为她设计了一套方案，将过肩的长发剪至耳下，露出她纤细的颈部，使其更显精致干练。

两个月后再看见她，她神采奕奕、魅力十足，跟第一次的情形有着天壤之别，整个人变得自信开朗，听说又交了男朋友，两个人感情很好。很多老客户都很喜欢她现在的状态，她也因此赢得了很多新客户，事业上升职加薪，有了很大的进步。

这件事让我对自己的工作有了新的认识。女人不管多忙，都要注重自己的仪表，从发型、妆容到衣着配饰，自上而下将自己收拾得漂漂亮亮的，这不仅是对别人的一种尊重，更是一种积极向上的生活态度的体现。优雅得体的外表能增强人的自信心，使其由内而外散发出更迷人的魅力，这样的人更容易赢得别人的好感和信任，在工作和生活中更游刃有余。

PIMEI.COM
媲美网
改变，从媲美网开始

3 分钟大变身

美丽一对一

3分钟

身

消除水肿脸的
职场妆容
Before

Beauty SOS

秘书小漫困惑求助：

我的脸很容易水肿，尤其是睡醒一觉，脸上看起来总是肉嘟嘟的，眼睛也像没睁开。我是一名秘书，经常要出差，甚至要接待外宾，形象对我来说非常重要，因为我代表着公司的门面！总是看着镜子中肿肿的自己，一天的情绪都不高昂。时常的加班熬夜更是让我的脸色变得苍白。我是比较缺乏自信的女孩，总怕形象影响业绩，光是想想压力都很大了，小P老师，请帮帮我吧！

小P老师解答

水肿的脸部线条很容易给人没睡醒的印象，尤其是眼部水肿更容易给人没有精神的感觉，会给职场中的专业感扣分。早晨起床如果有水肿的状况，洗脸的水温可以稍微凉一些，在涂护肤品时，通过面部按摩加速血液循环，达到快速排水的效果。如果经常出现水肿问题，可以挑选含有咖啡因、七叶树、巴香草等成分的护肤品，帮助肌肤代谢多余的废水。除了护肤品，彩妆也能立刻达到消肿的效果。容易水肿的肌肤在挑选粉底时一定要选用接近自己肤色的自然色，千万别比自身的肤色浅。还有，粉底、蜜粉、眼影、腮红都要是亚光的，否则上完妆会让你的肿脸变得更大。眼妆部分可以利用大地色系的亚光眼影粉在眼窝做出渐层的感觉，用层次改变“肿”的视觉感。

去水肿按摩操

用食指、中指、无名指和小指的指腹从下巴推向脸颊方向

从鼻翼开始，经过颧骨下方滑向耳前

从额头中间推向太阳穴

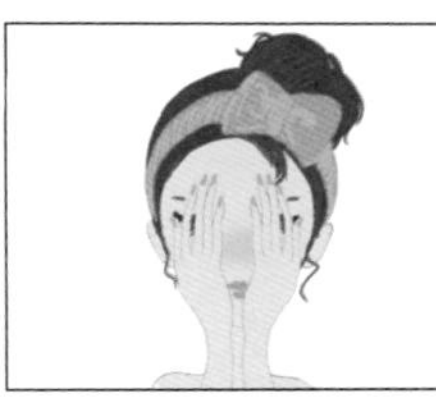

搓热双手，用手掌包覆面部

妆容篇

用浅色眼影在眼窝处打底

1

用咖啡色的亚光眼影从睫毛根部向眼窝处晕染

2

用更深的棕色眼影，只在睫毛根部涂抹

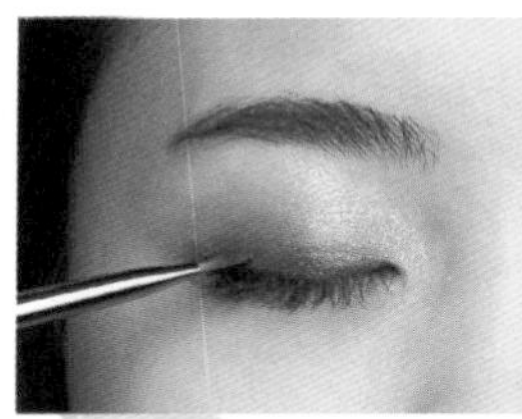

3

残留的眼影晕染在睫毛下方

4

眼头的位置用金沙色点缀

5

用棕色描绘眼线

6

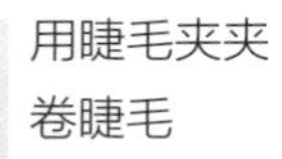

用睫毛夹夹卷睫毛

7

上下涂抹睫毛膏

8

发型篇

小P老师导言

秘书的职业，除了专业感，还需要多一些温婉知性的气质，发型部分的最佳选择就是半盘的公主头和优雅的低盘发，我在媲美网（www.pimei.com）的《魔发秀》节目中教过大家好多款既优雅又职业的发型，记得上去浏览一下，三分钟就可以搞定了。

1

用可旋转发梳的卷棒缠绕头发，这样的卷棒效果更自然

2

把头发分成三部分

3

从左侧的头发开始，编三股辫，依次向右编发

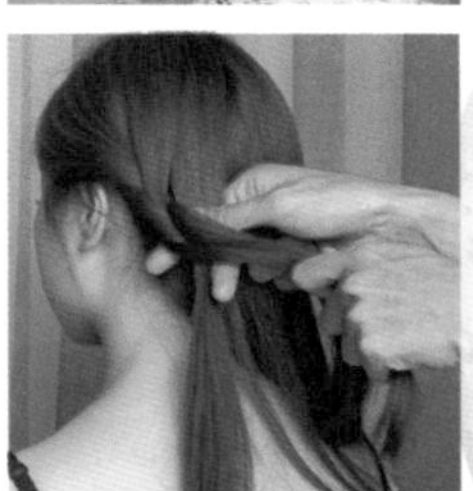

4

每向右编一步，就要从上方和下方取一束头发，编到麻花辫中

5

编到右侧时，留一部分头发，用皮筋固定

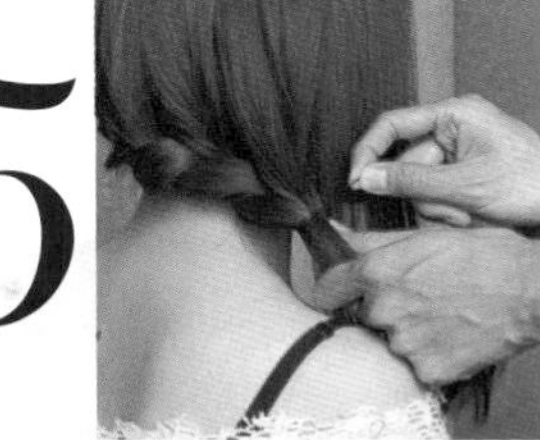

6

用发卡固定和调整发辫造型

服装篇

变身心得：

我一直是比较保守的女孩，第一次染发和穿这种金属质感的短裙，感觉像大明星拍电影似的，原来，不是只有高高瘦瘦的女孩才能驾驭这些时髦的单品。我变得勇敢了很多，以前总默默念叨“快把腼腆、自卑都扔掉吧”，可是总在疑惑怎么迈出这一步，在老师的指点下，我懂得了发挥和利用自己的优点，让自己更有魅力。我想继续尝试大胆的妆容和穿衣风格，完全蜕变成时尚女神。

豹纹图案让保守的服装搭配变得更加丰富

K 金与珍珠元素的项链突显出女人味

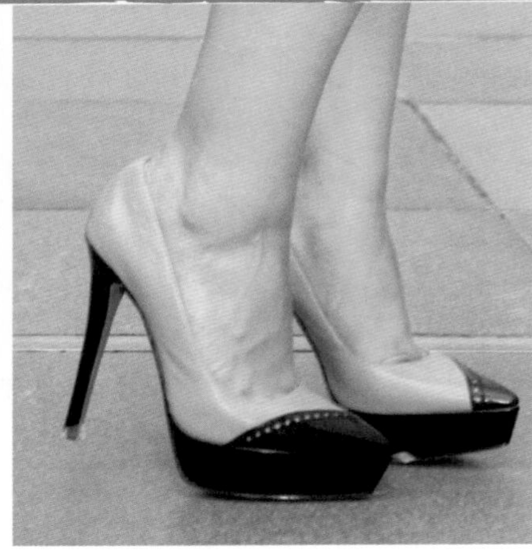

拼色高跟鞋缩小了视觉冲击

小P老师建议

秘书这个职业给人的印象既要专业又要亲切，所以在服装的选择上最好挑选百搭的经典款，优雅的法式风衣、白衬衫、针织衫、及膝裙等都能在展现女人味的同时带来专业、利落的感觉！服装的颜色尽量避免黑色系，卡其色、灰色都是不错的选择。配饰部分则应避免太过耀眼的水钻、水晶类饰品，最好挑选珍珠、K金类的小巧饰品让细节加分。

Before

Before
“程序猿”
的春天
Dior Addict
IT-LINE

Beauty SOS

IT 行业兵困惑求助：

我是大家常说的无趣味“程序猿”，每天都对着电脑工作。以前还会花心思打扮一下自己，可是现在工作比较忙，回到家都很晚了，睡眠时间也不够，早晨起床就匆匆忙忙地出门了。最近，不知道什么原因，脸色越来越暗沉，脸颊也出现了一些斑斑点点，小 P 老师能帮帮我吗？

小P老师解答

长时间面对电脑的 IT 女生，可以在办公桌上摆一些绿色植物，以减少辐射和静电对肌肤造成的伤害。此外，在长时间看电脑眼睛疲劳时，看看绿植也有缓解疲劳的作用。长期待在空调房里或面对电脑都会让肌肤缺水，干燥的肌肤就会暗沉无光。在肌肤感到干燥紧绷的时候，可以使用保湿喷雾及时为肌肤补水。我在我的微信（微信号：pimei0706）中说过，如果你的保湿喷雾是植物成分的，可以用手轻拍至吸收，如果是含有矿物质盐成分的，就需要再用纸巾轻轻按压一下。除了日间的保湿外，日常的护理要注重抗氧化，否则肌肤就会“生锈”，即便你的工作是在室内，隔离防护也要做好。除了护肤，简单的妆容也会给你带来一天的好心情，每个女生在对着镜子上妆时就相当于给自己施魔法，看着镜中的自己一点一点变漂亮，自信心也会逐渐提升，你会发现好运一直跟着你哦！

妆容篇

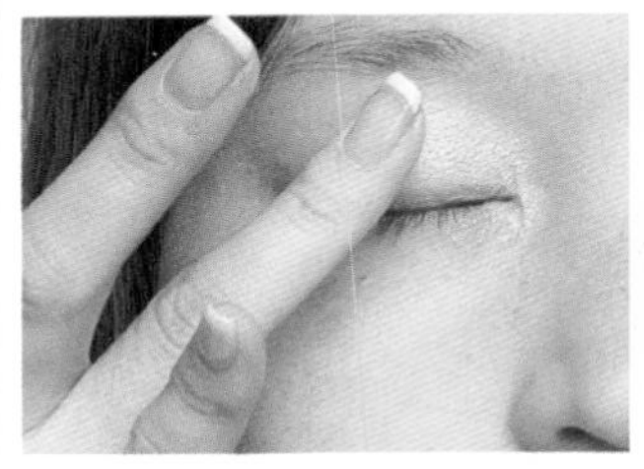

1 用白色珠光眼影打底

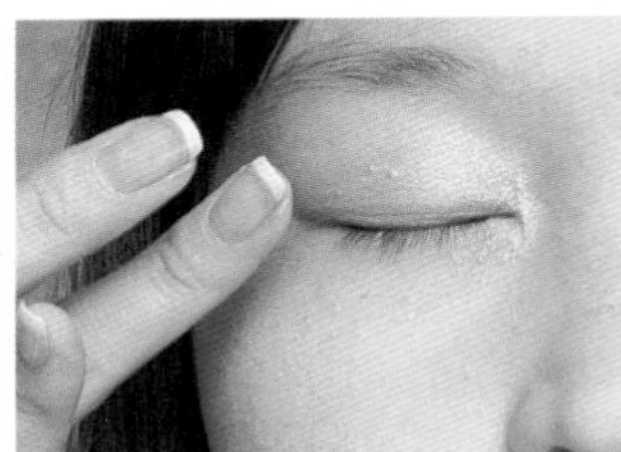

2 将橙色眼影晕染涂抹于眼窝

3 在眼褶处涂上深棕色眼影

4 在睫毛根部画上细细的眼线，眼尾部分拉长 5mm

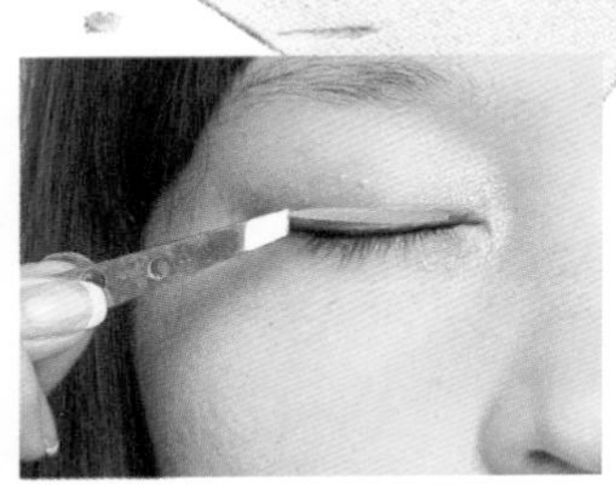

5 贴双眼皮胶带

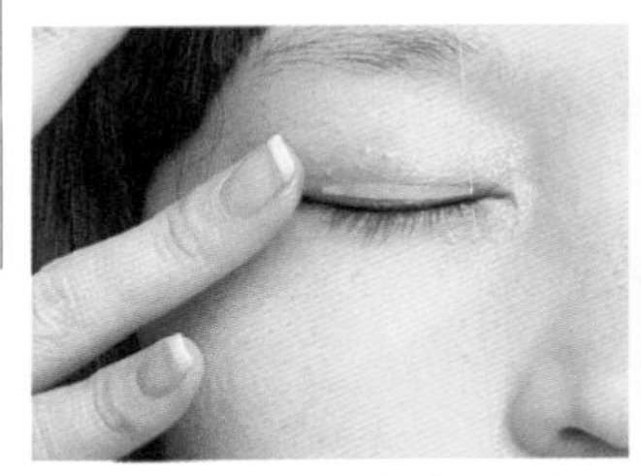

6 再次用橙色眼影按压，隐藏双眼皮胶带

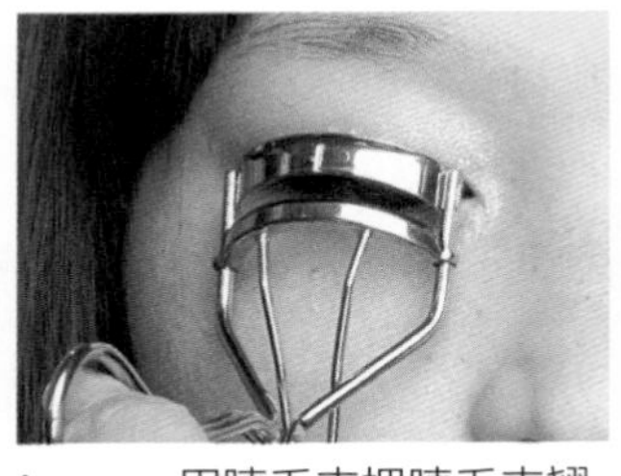

7 用睫毛夹把睫毛夹翘

8 涂抹睫毛膏

发型篇

1 在发根喷蓬蓬水

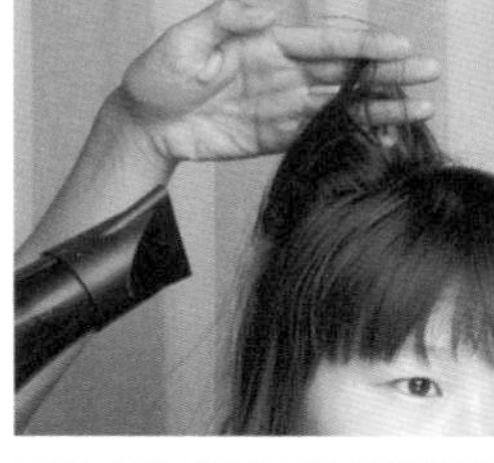

2 用吹风机吹干

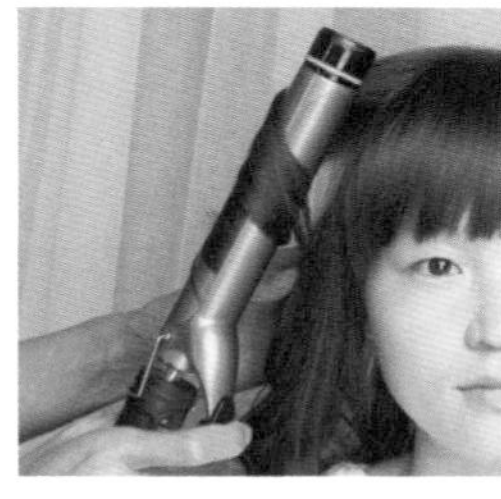

3 用 32mm 卷发棒从高的位置纵向卷到发尾

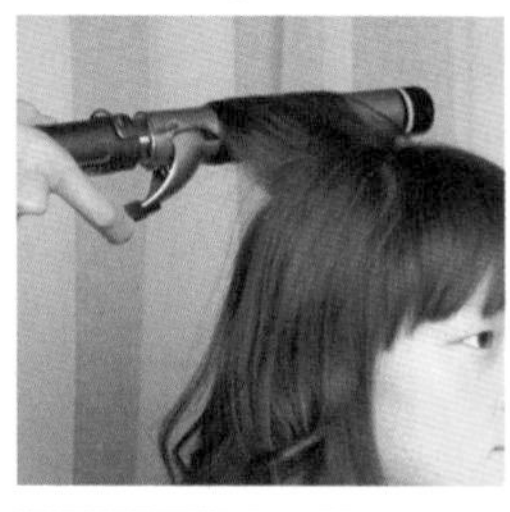

4 头顶的区域也不要忽略

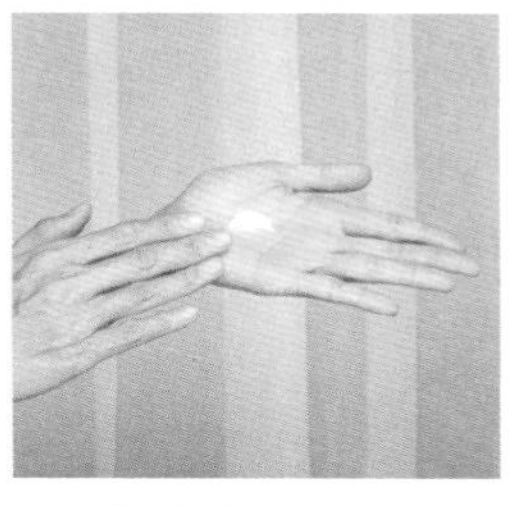

5 挤出适量发乳

6 均匀涂抹在头发上

7 远远地喷上定型喷雾

小P老师导言

想要变得“女生感”十足，就要增加可爱和柔美的女生印象，又黑又直的单调发型会让人觉得很乏味，类似蜜糖般的浅棕色系才能让整体形象活泼起来哦！染发时进行微色差的局部挑染，既不会让人察觉到颜色的变化，又可以利用同一色调的深浅对比体现出丰富的头发层次，营造饱满的发型印象。由中分变成齐刘海起到了可爱 + 减龄的效果，适度的蓬松感髦发令发型更加立体，提升美丽度 100%。

服装篇

变身心得：

发型和发色的变化让我感觉自己一下子变成了“小女人”，可爱甜美是我一直想塑造的形象，这次竟然成功了，气场十足且不失优雅。心里美滋滋的，笑的时候都有点害羞了。

有对比色花纹的发带提升小女生的可爱感觉

选择发带中的一种元素作为耳环的主色，让头部造型更协调

粉色的条纹凉鞋让你更显可爱

Mini size（迷你）的包包与娇小的身材相称

小P老师建议

你的身材非常娇小，如果想从“程序猿”变成可爱又甜美的小女生，有甜美感的服装很适合你，适当的露肤度可以增加女生的柔美，高腰的短裤或短裙能拉长腿部线条，不仅让腿显得更修长，还在无形中增加了身高。这种介于休闲装和正装之间的穿衣风格在公司里也非常得体，甜美度适中的健康女孩装扮最迷人！

Before

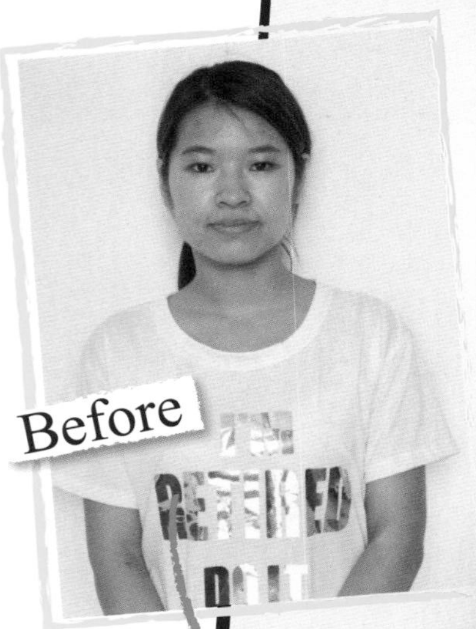

Before

普通妈妈
变身时尚辣妈

Beauty SOS

梦想成为辣妈的 Lily 困惑求助：

小 P 老师，你好，我是一个两岁宝宝的妈妈。自从生完宝宝，我的身材就开始走样。我虽然不算太胖，但是肚子部分有些肉，所以我不太敢穿紧身的衣服，甚至太过女性化的服装也好久没买了，每天都穿着各种中性款式的衣服，有时候也会去买些小号的男装。但是，我希望我带着儿子出去的时候，别人会觉得他妈妈很漂亮，我也想当别人眼中的辣妈，我可以吗？

小P老师解答

生完宝宝后，要靠自己的毅力多做运动或调整饮食来恢复火辣身材。游泳或做瑜伽、普拉提都可以，外加果蔬大餐、养生汤品，有这样完美的组合搭配，相信不久你就会加入辣妈的行列。当然，辣妈的妆容要足够有范儿才能激发出内心的“斗志”哦！维多利亚·贝克汉姆（Victoria Beckham）是个有自己事业的母亲，她对自己的造型有要求的态度是值得很多妈妈学习的。她的妆容不会有太多色彩，每次上妆只要挑出一个重点来强化就很有时尚感了。你的眼形属于比较温柔的眼形，如果想变身辣妈，可以从眼形上改变。

妆容篇

1

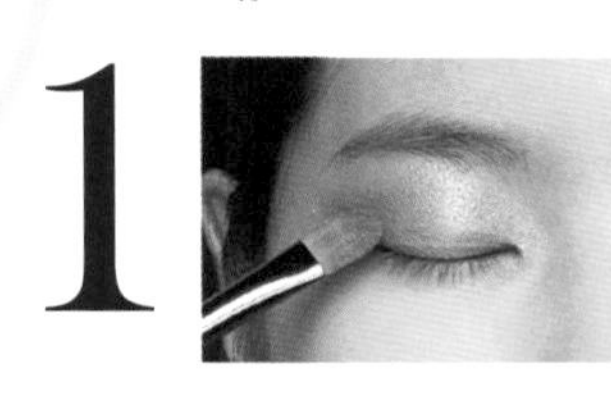

将带有光泽的灰色眼影大范围涂抹在眼皮上

2

将更深的灰蓝色眼影小面积涂抹在睫毛根部

3

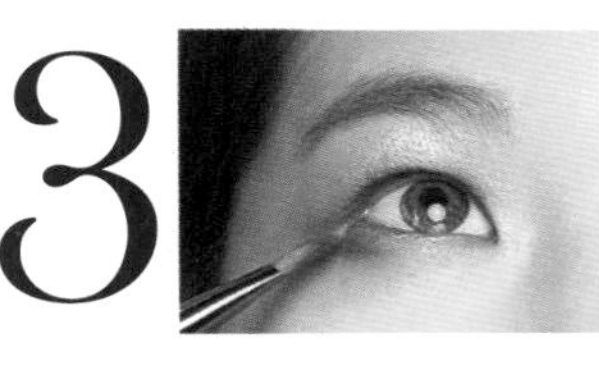

用眼影刷上剩余的灰蓝色晕染下睫毛眼尾处

4

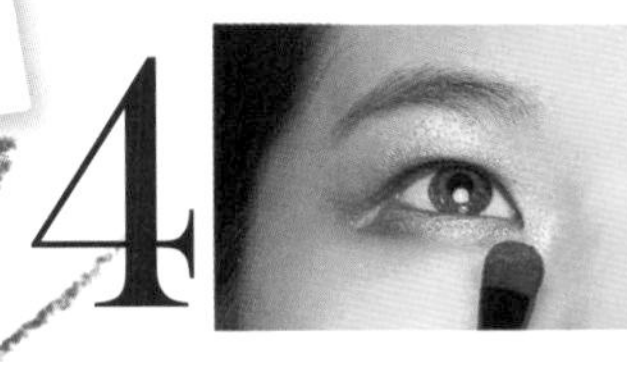

眼头部分用浅灰色轻轻带过

5

用黑色眼线笔描绘上下眼线

6

用睫毛夹夹卷睫毛

7

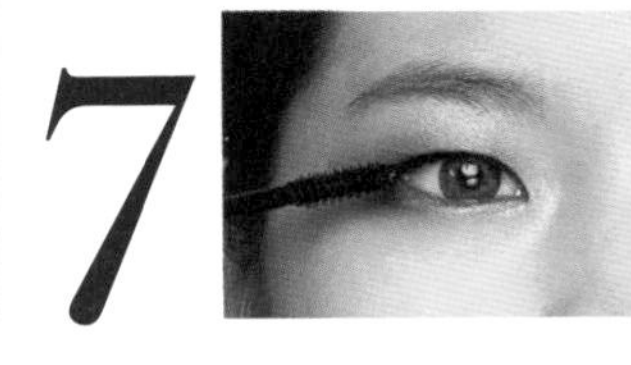

涂抹睫毛膏

发型篇

小P老师导言

辣妈的造型讲求的就是利落有型，发型也一样，那些浪漫长鬈发就留给少女吧，像小S、孙俪或维多利亚一样的短发才是辣妈的标志。一个和下巴相同高度的短发最能营造出时尚又干练的形象，露出颈部的线条，突显出更修长的曲线，脸颊两边的适当弧度是让脸立刻变小的秘诀。

1 先喷柔顺喷雾，让头发充满光泽感

2 利用吹风机吹出自然弧度

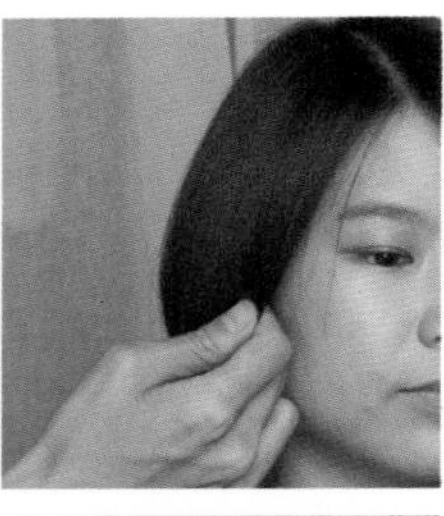

3 用手整理吹好的头发

4 发尾向内的线条不仅能使脸显小，更能营造出减龄的时尚感

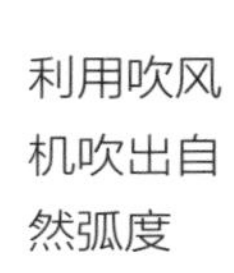

服装篇

小P老师建议

虽然你已经是一个两岁宝宝的妈妈，但是从照片来看，你的身材并没有“走样”得非常严重，如果因为微微凸起的小肚腩就放弃对整个形象的修饰，那就太得不偿失了。肚腩的问题可以选择比较硬挺的布料来修饰，领口或是其他部分的细节设计可以转移大家的注意力，弱化令人尴尬的小肚腩。同时，依靠配饰和包包的搭配，辣妈的时尚感就会更加出位。一定要记住，造型的魔法是用来增强你的自信心的，只要你有足够的自信，时尚辣妈就是你了。

有层次的珍珠项链不仅能使脸显小，还能强调优雅的感觉

荧光绿色高跟鞋点亮整体服装搭配

白色包包与马卡龙色套装相呼应

变身心得：
老师为我打造的形象对我来说很新颖，从没尝试过这种干练的短发，很有精神。虽然当妈妈了，但感觉年轻了很多！
Before
“马卡龙色套装是减龄的关键哦！”

赶走倦容的好气色心机

Beauty SOS

广告公司小洁困惑求助：

大学时期的我非常在意自己的形象，可自从毕业后进了北京的一家广告公司，每天迎接我的就是没日没夜地加班，回到家特别疲惫。我也用了护肤品，但好像都没有效果，即使睡饱了，第二天起床也还是看起来没有精神！因为工作比较忙，我没有认识对象的机会，最近家里给我安排了一次相亲，我想给对方留下好印象，小P老师能给我一点建议吗？

小P老师解答

长期的加班熬夜导致你的肌肤暗淡无光，让你看起来好像总是没休息好、无精打采。晚上如果不能在10点前休息，那起码要把脸洗干净，涂上保养品，给肌肤补充足够的养分，因为从晚上11点到第二天凌晨2点是肌肤细胞分裂最旺盛的时候，这段时间也是肌肤吸收保养品效果最佳的时机，所以你的首要任务就是给肌肤足够的水分和养分，以改善疲惫感！加班、熬夜、压力都是让肌肤代谢变慢的原因，面部按摩可以加速血液循环，让气色变好。时间不用太长，只要每天在涂护肤品时按摩3～5分钟，坚持一周就能见到效果了。脸上最容易出卖你的地方就是眼睛，眼袋、黑眼圈、浮肿都是循环不良导致的，除了刚刚提到的按摩，利用简单的眼妆也能让你看起来元气满满！

眼部按摩图示

1 手指呈剪刀状向耳后延伸，逐渐并拢手指

2 按压瞳孔正下方的穴位

3 点按眉毛下方的穴位

4 轻轻拍打太阳穴周围，让血液流通加速

面部按摩图示

1 从额头开始向两边延伸按摩

2 从脸颊的最高处向耳后延伸按摩

3 从嘴角两边开始向两侧延伸按摩

4 从下巴向耳后的方向按摩

妆容篇

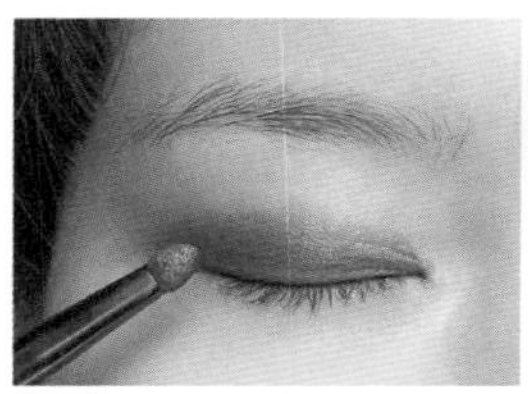

1 眼窝用金棕色眼影打底

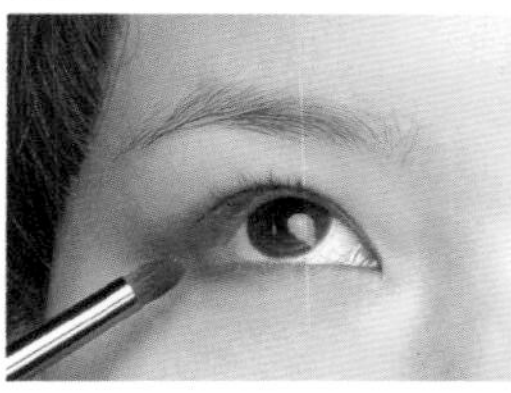

2 眼尾下方也涂上金棕色眼影

3 用紫色眼影沿睫毛根部涂抹

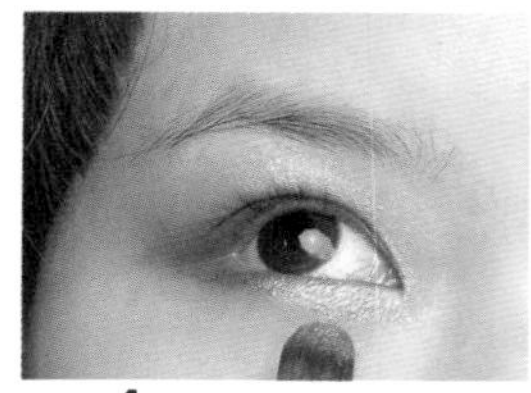

4 下睫毛处也用紫色眼影轻扫带过

5 用自然的棕色眼线液描绘眼线

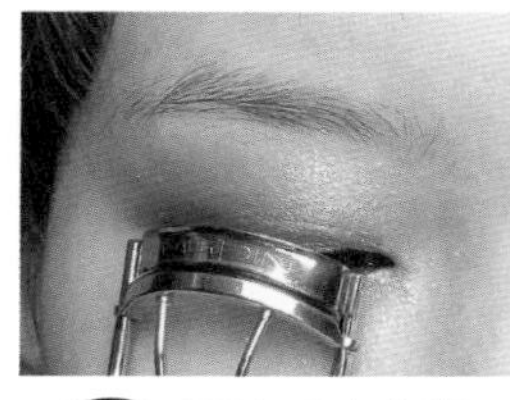

6 用睫毛夹夹卷睫毛

7 刷上浓密型睫毛膏

发型篇

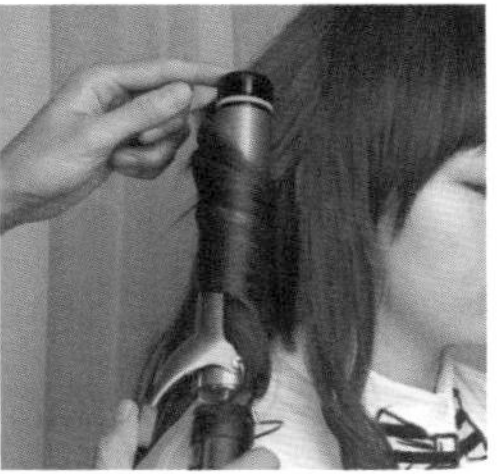

1 接发

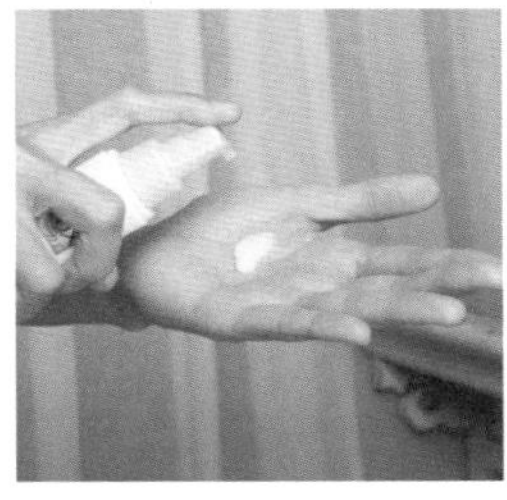

2 用卷发棒将发尾上卷

3 涂抹 LUX（力士）润发产品

4 在发尾拉出线条感

小P老师导言

广告公司的工作最需要的就是创意，造型也是一样，偶尔改变一下，心情也会不同哦！如果想换换造型，可以利用接发的技术把头发接长，现在的无痕接发技术非常精细，近距离都看不出痕迹，睡觉也没有不舒服的感觉。在你有重要约会之前，可以把头发变成充满女人味的中长发，在发尾部位做出弯度，营造出温柔婉约的感觉。祝你相亲成功！

每个明星在拍大片时，面部下方都会放一块反光板，把光线反射到脸上，将肌肤的问题都隐藏起来。当然，在生活中，不可能像拍大片一样让人给你举着反光板，但你可以利用服装给自己的面部打光。当你气色不佳的时候，最好上半身穿白色或浅色的衣服，白色的上衣会将灯光和日光反射到你的面部，将暗沉和倦容一扫而光。约会时可以挑选一些展现女性特质的面料，比如蕾丝、真丝或雪纺，加上适当的露肤度，就能让你变得充满女人味。

变身心得：
从小到大，这是我第一次看到自己长发的样子，原来也蛮美的。配上蕾丝元素，瞬间变小女人了。有点迫不及待想去相亲了，相信会有让我喜欢的人出现，快快注意到我吧！
“浅色系的服装搭配让倦容消失。”
Before

Before
可爱萝莉
变职业女性

Beauty SOS

外企职员 Miliyah 困惑求助：

小P老师，我平时上班都不化妆，公司在着装上也没有要求，我就穿着平时的衣服去上班，同事都会用“可爱”来形容我。但毕竟因工作需要，偶尔还是要穿正装面对客户，每到这时候我就头疼死了！我也想改变一下自己的气场，让自己看上去更职业、更庄重，可又没自信 hold（掌控）住帅气又中性的风格，怎样才能走近“女王范儿”呢？

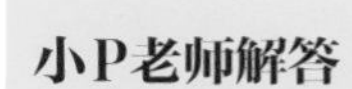

对于职场中的造型来说，时尚度绝对不是排在第一位的，主要是应该体现专业感和职业的特征，有时候过于时尚反而会给人不用心工作的感觉。职场的造型最好跟生活装扮分开，根据不同的场合做出适合的造型才是最得体的。在妆容上想变得更有职业感，改变柔弱的印象，可以通过上大红色系的唇膏或者拉长眼形等效果来体现。眼妆的变化是最容易改变人的气质的，利用眼线横向拉长眼睛的长度，上扬的眼尾眼线不仅能突显出强大气场，还会增添一份帅气的感觉。上扬的角度不要太明显，否则会变得老气，时尚和过气就在那几度之间。

妆容篇

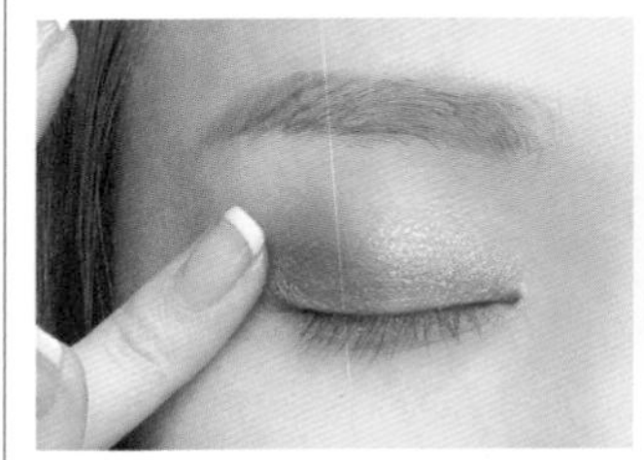

1 用棕色打底，从眼尾到眼头逐渐变浅

2 描绘一条自然款的眼线

3 眼尾向后延长

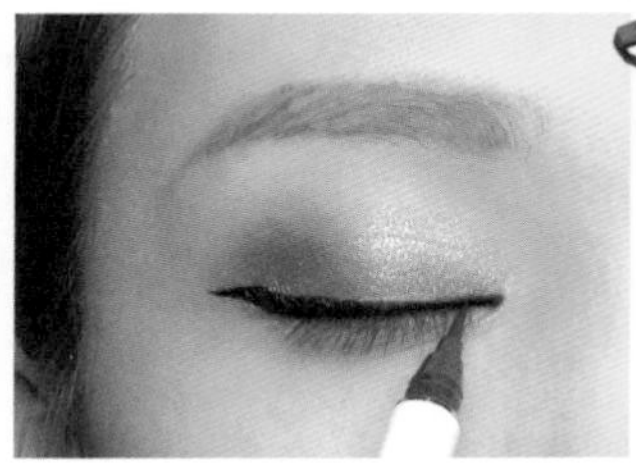

4 强调眼头的眼线

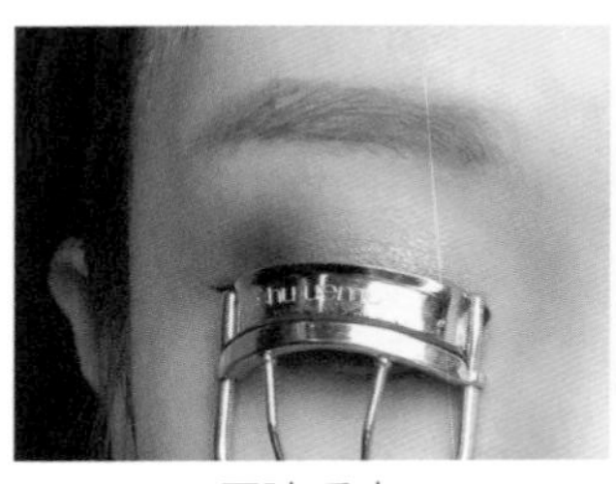

5 用睫毛夹夹卷睫毛

6 涂抹睫毛膏

7 在眼尾处粘贴假睫毛，强调女人味

发型篇

用可收缩发梳的卷棒营造自然的弧度

留出适量刘海，以耳朵上方垂直90度为宜

剩余的头发平均分成两份

4

左侧的头发向内拧转

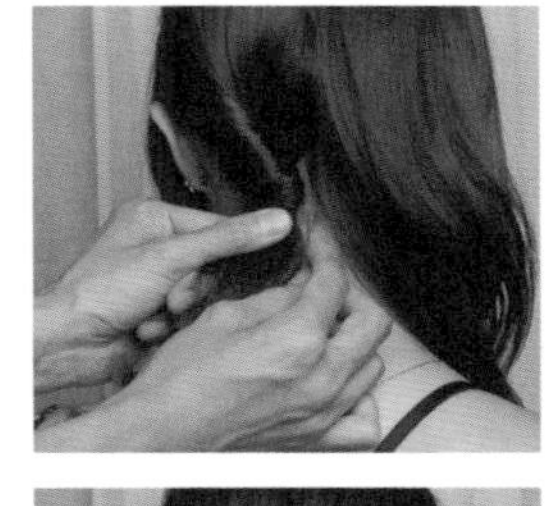

用发卡固定

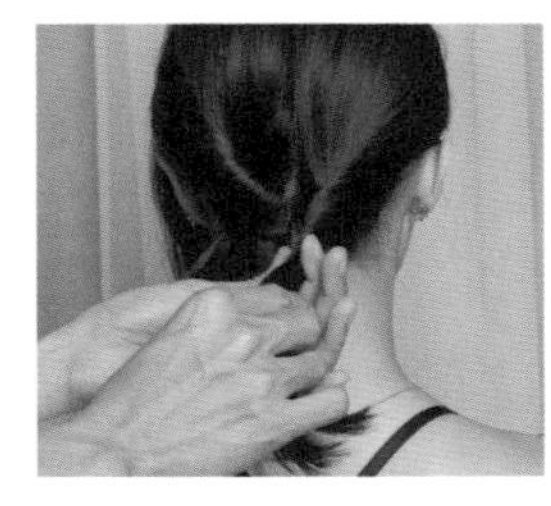

6

另一侧的头发也用相同的方法拧转

7

利用发卡调整发型，尽量使两边一致

小P老师导言

一般来说，职场的发型最忌讳的就是太可爱，可爱甜美似乎无法跟独立专业连上线。其实，并非只有短发才显得干练，长发的女生只要保持头发垂顺的线条，一样可以很有专业感。

几何元素的套装时尚又不失正式感

手镯的款式虽然夸张，但颜色与服装一致，看上去非常协调

K 金手镯与肤色一致，提升高级感

红色手包让人眼前一亮

工字凉鞋有 T 台模特的时尚感觉

小P老师建议

如果公司不要求着装特别正式，那就不一定要穿着套装，但过于少女的装扮确实不太恰当。如果你的工作需要较强的亲和力，可以选择暖色系的服装（比如鹅黄色、粉橘色、卡其色、咖啡色）；如果是开会需要专业度时，可以穿些冷色调的服装（比如灰色、天蓝色、浅紫色）。这些色彩会给人心理暗示，很有魔力的，下次你试试！

变身心得：
这次变身对我的触动太大了，让我发现了另一个完全不同的自己，整个人都变得好自信！以前我属于特别可爱、容易害羞的女孩，经过今天的大变身，我觉得自己也可以走酷酷的路线，不再那么娇羞。想想以前真的太保守了，不够大胆、时髦，也不够注重细节。我相信，抱着这样的心态走下去，我会生活得越来越积极，工作也会越来越有动力。
Before

Before
女强人也有
女人味

Beauty SOS

销售小云困惑求助：

小P老师，你好，我进入职场六年了，一向都是独立面对客户，业绩非常好，跟同事和朋友相处得也不错，日子过得也算如意，就是生活中一朵桃花都没有。我没有什么化妆经验，也不太懂穿衣打扮，老师快帮帮我，我也想赶紧找到另一半，和他一起分享生活的点滴。

面部比例图示

小P老师解答

工作中过于严肃的女生确实会让人产生距离感，除了做事的态度，其实完美的五官比例也会给人细致温柔的感觉，脸部的标准比例是三庭五眼，通过上面的图解就能很清晰地了解到完美的五官比例。你的脸形长度还算蛮标准的，但双眼之间的距离较宽，这样的比例会让你少了些许精致感。找到问题所在，就可以利用造型的魔法来改变自己，你可以利用眼线和眼影拉近两只眼睛的距离，适当增加冷色调的眼影，不仅在职场中不失专业感，而且让妆容整体看上去更干净。

妆容篇

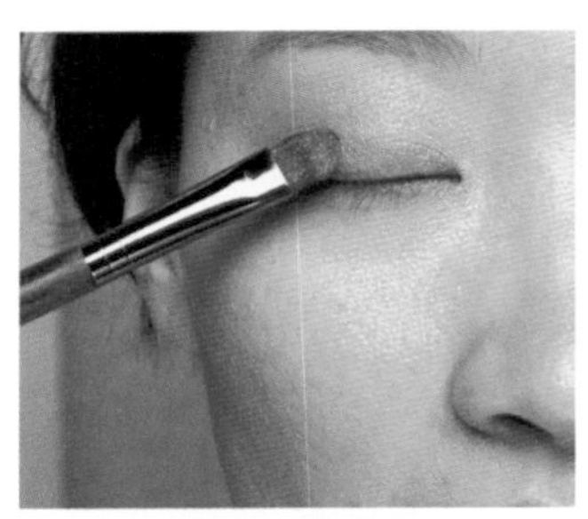

1
在眼窝轻薄均匀地涂抹金沙色眼影

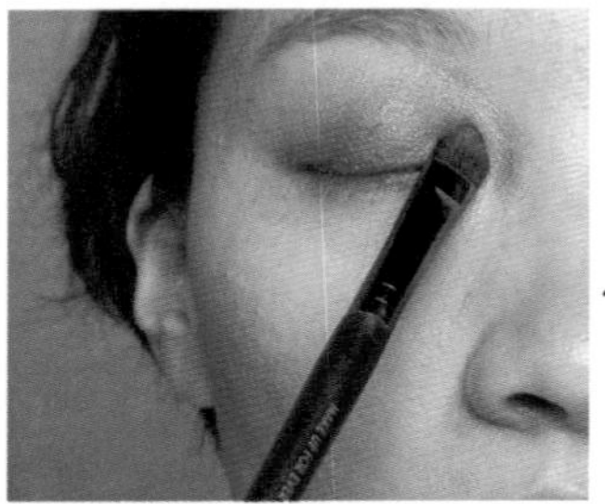

2
用棕色眼影笔在双眼皮褶皱处上色

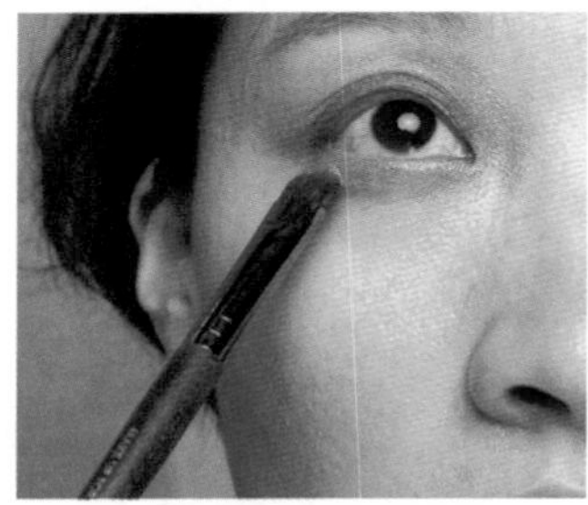

3
在下睫毛处涂抹金沙色眼影，让眼妆统一

4
在睫毛根部画上眼线，内眼角的眼线往前延伸

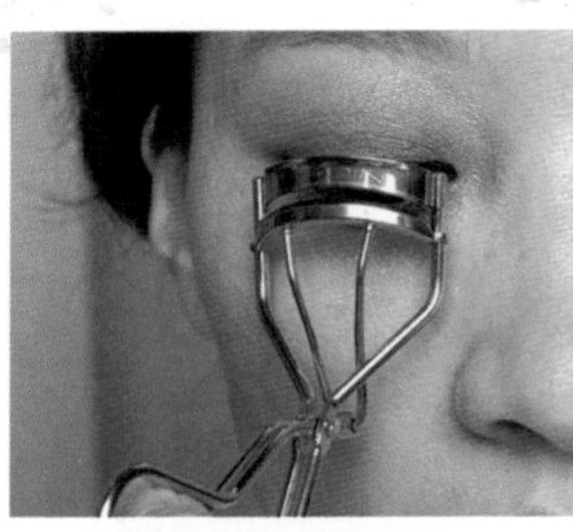

5
用睫毛夹夹翘睫毛

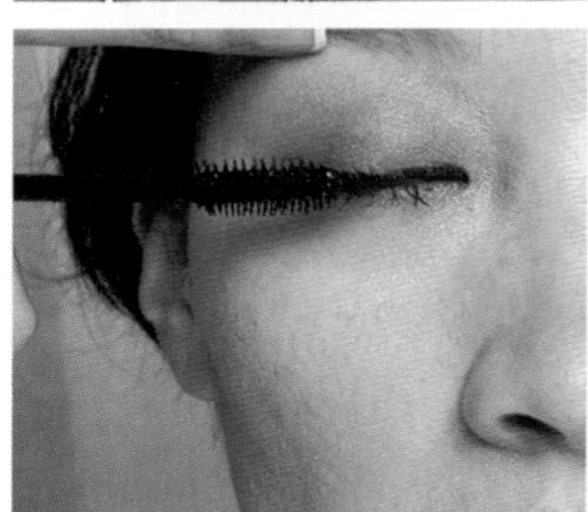

6
用睫毛膏的刷子呈放射形地刷睫毛，加强眼头睫毛的纤长度

发型篇

1

用吹风机逆着发流将头发吹出蓬松感

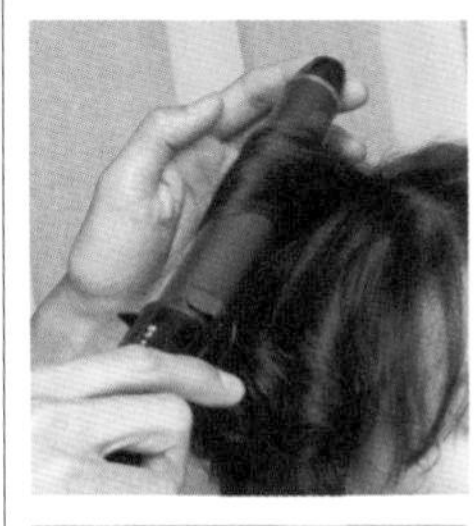

2

用卷棒将发尾做出C字形弯度

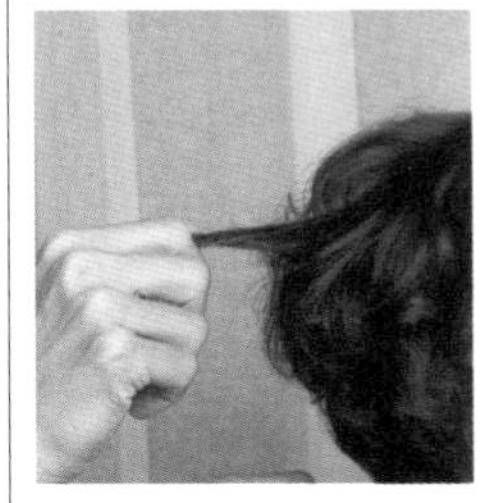

3

用手把头发轻轻拨散

4

整体定型

小P老师导言

很多人觉得短发太过中性，其实短发只要在发色、发尾弯度、层次上稍稍改变，就可以变换出不同的风格。因为你的肤色白皙，所以建议加入一些红色元素，不仅提升气质，而且能使整个人的气色显得更加红润！头发的长度并不需要做太大的改变，只要在原来的基础上增加发尾的弯度，马上就变得温暖起来，女人味倍增！

服装篇

变身心得：

当我把变身前后的照片发出去之后，朋友圈立马炸开了锅，有说被瞬间魔化的，有说我重生的，还有人竟然说我逆天了！！我狂冒冷汗，自己之前有多随意？！女生化妆本是再正常不过的一件小事，居然引起小伙伴们的强烈反应……我决定以后再也不偷懒了，一定要跟着小 P 老师这位美丽魔法师的脚步让自己漂亮起来！

白色包包与连衣裙的颜色统一，整体只有两种颜色的搭配是既有时尚感又不失正式感的关键

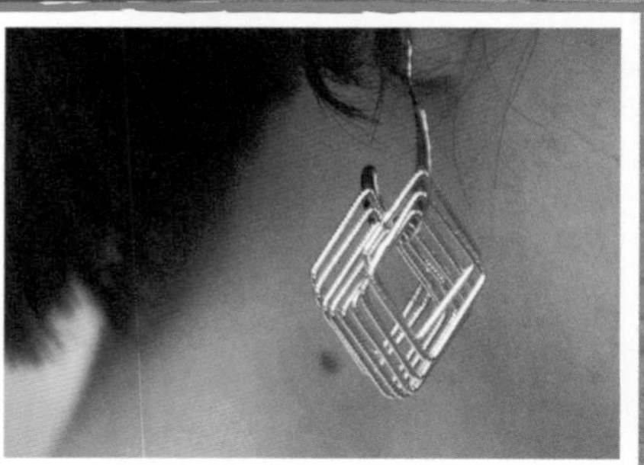

K 金元素的耳环突显女人味

古铜金色高跟鞋不会抢走过多的视线

小P老师建议

职场中的打扮要体现出专业感，在专业的同时又想兼具女性的特质，可以选择一些浅色系的单品。虽然依然是职场中必备的三件式“标准装扮”，但领口、袖口、下摆这些小细节的设计让你的气质瞬间柔和起来，同时又非常知性。

“粉橘色短款外套提亮白皙的肤色，短小的款式有缩短上身、拉长双腿的效果。”

Before
女汉子变身
100% 小可爱

Beauty SOS

美甲店员工小汐困惑求助：

现在有个叫“女汉子”的词超流行，我觉得它简直就是为我而生的，因为我觉得自己比较彪悍，身边的男性朋友都和我称兄道弟，每每看到有女生受欺负，我也会愤愤不平、挺身而出。但有一点令我很苦恼，我从事美甲工作这么多年了，竟然有顾客觉得我不像做这行的，真是太失败了！其实，我也尝试过那种甜美的打扮，实在太不像我了。我要告别女汉子，小P老师帮帮我吧！

小P老师解答

想要告别女汉子的形象，就要增加柔美的女性元素。从你的五官来说，单眼皮的眼睛较易给人过于帅气的feel（感觉），看起来少了一丝细腻感。只要在一些小细节上有所调整，女生的精致感就能体现出来。你的变身计划只需要在眼妆上下功夫，首先通过双眼皮贴打造出女性的眼神，再利用眼线将眼睛变圆，最后加上假睫毛，营造出娃娃般的大眼睛，这样你就能远离女汉子了。

我在微博中跟大家分享过专门对付脂肪比较厚的眼睛的技巧，如果你的眼皮比较薄，可以将双眼皮贴反过来贴，利用双眼皮贴两端的尖角将双眼皮撑起来。

现在打造双眼皮的小工具非常多，有双眼皮胶水、透气胶带、双面胶带、双眼皮胶条、双眼皮网。想把自己的眼皮搞定没有捷径，只能多多练习，熟能生巧。我一般会在上底妆前就先贴好双眼皮胶带，避免妆容的粉末降低胶带的黏性。也有一些人为了避免出现卡分区的状况，会在妆后再贴，这也是可以的，以自己的习惯为主。

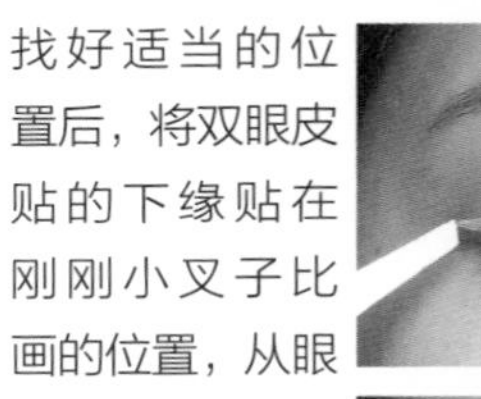

妆容篇

眼睛往下看，用小叉子模拟一下双眼皮的位置

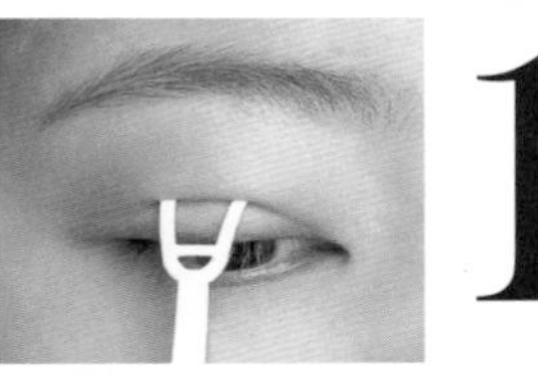

1

找好适当的位置后，将双眼皮贴的下缘贴在刚刚小叉子比画的位置，从眼头往眼尾贴

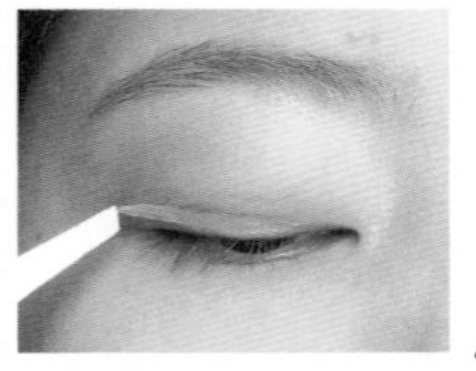

2

用小叉子轻轻按压固定

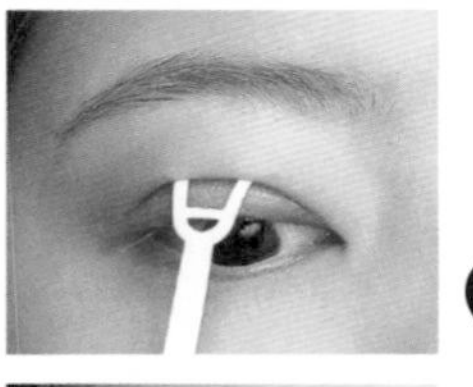

3

用遮瑕膏遮盖双眼皮胶布

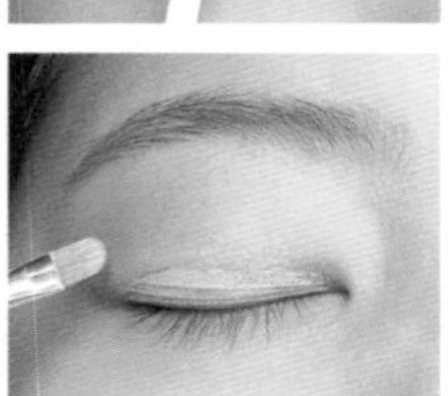

4

用眼线膏在眼球上方画出眼线的宽度

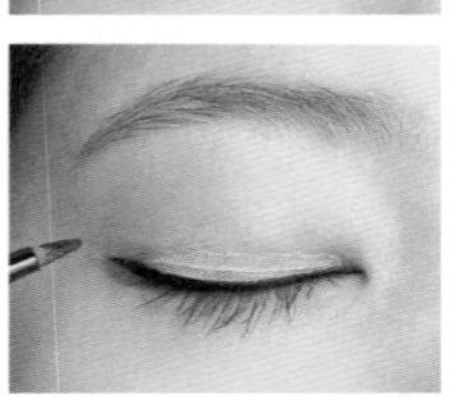

5

将睫毛从根部夹翘

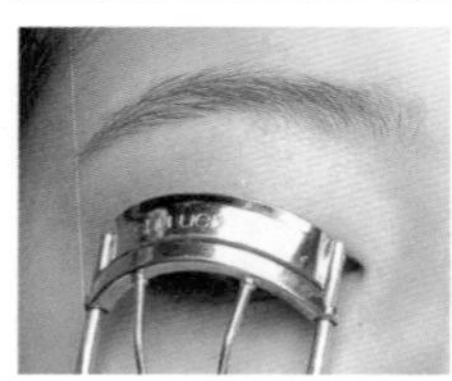

6

7

淡淡地涂抹睫毛膏

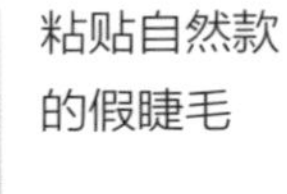

8

粘贴自然款的假睫毛

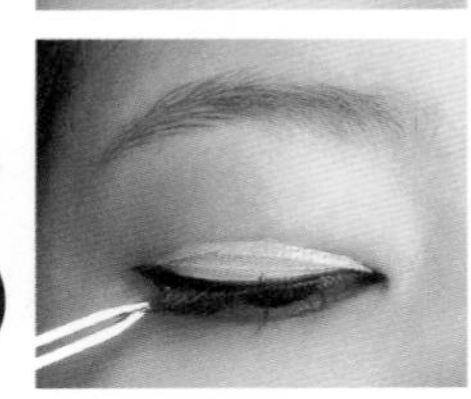

9

完成

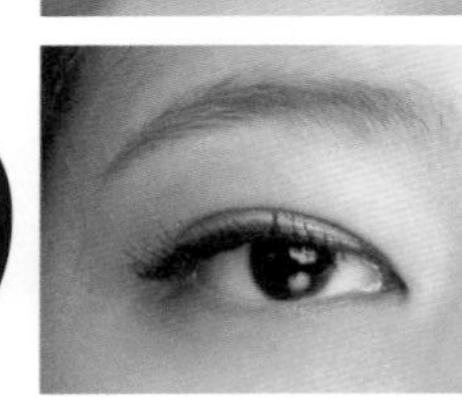

小P老师导言

发型篇

打造甜美发型的第一步就是换掉你现在的发色！只要将黑色的头发染成浅色系，整个人就会立刻亮起来。黑色的头发一定要搭配白皙的肌肤才会有女人味，配上偏黄的肤色只会让你更 man（男性化）。除了改变发色，利用头发的弯度使头发垂落在脸颊两侧也能起到柔化气质的效果。你可以在前一晚半湿发时扎一个丸子头，第二天就能拥有好像沙龙打造出的专业造型。

1

洗发后吹至八成干，或者喷少许纯净水在干发上

向耳后45度角扎起马尾，马尾高度要保证睡觉时无阻碍

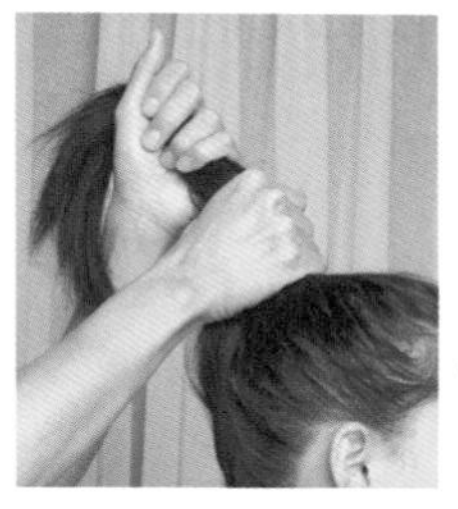

顺时针拧转头发

4

一直拧转到变成丸子头为止，以发根为中心盘绕

用小抓夹固定（避免使用普通扁夹，否则会让头发留下压痕）

第二天醒来用手打散头发

用手指进一步整理，轻轻揉搓发尾

变身心得：

变身之前真的很懒，出门时邋里邋遢，今天看到自己原来有这么美的样子，简直觉得不可思议！我以前不敢和别人主动聊天，现在都会和新朋友开玩笑了，并且开始憧憬每一天的美好生活。现在终于理解“没有丑女人，只有懒女人”这句话的意思了。

服装篇

亮黄色皮质包包更显活泼

金属色的项链表现出你直爽的个性，而有珍珠的细节瞬间提升女生气质

小P老师建议

个性比较直爽的女生其实未必要把自己打扮成洋娃娃，造型的魔法是利用时尚的单品来突显自身的优点，而不是要把大家都变成一个样子。你可以选择一些明亮色系的服装来增强自己的柔美感，肤色较暗的女生在选择服装时，要避免选择与肤色相近的颜色，比如卡其色、土黄色、裸色、驼色都是致命伤。款式上可以尝试一些大方又不失女人味的款式，圆裙或者斜裁的洋装都是能让你在律动中不经意散发出优雅感的好选择。配饰不用戴太多，一条有亮点的项链足矣。当你的造型改变了，我相信你的举止也会随之改变，渐渐地，你就会告别女汉子了。

Before
“马卡龙绿色衬
托出有明亮感的
肌肤，镂空的设
计突显女人味。”

高个子女生的
超模模仿术
Before

Beauty SOS

时尚店主闵雯雯困惑求助：

很多女生都很羡慕高个子，我就是个高个子，走在大街上非常容易被别人关注，我的性格又比较内向，当陌生人太关注我的时候，我就会不知所措。我之前看过老师在节目里教大家化妆，但她们都是双眼皮，怎么化都好看，能不能也教我们单眼皮女生几招？

小P老师解答

并非只有大眼女生才能叫美女，单眼皮的你非常有东方人的韵味，刘雯、雎晓雯等现在最红的超模都是非常有自己特点的东方美女！你只需要在化妆时加强自己的特点，就可以轻松地从人群中脱颖而出啦！我常常说趋势只是一个参考，最重要的是要利用化妆品来放大自己的特点，因为你的眼睛是很有你个人特色的地方，所以可以尝试一下进化版几何猫眼妆，既充满时代感又不会显得过于夸张，不论是个性的裤装还是正式的晚装都能搭配。

妆容篇

1 紧贴睫毛根部，用黑色眼线膏描绘出细细的眼线

2 眼尾自然上扬并延长

3 标注出眼线的最佳位置

4 向前描绘眼线

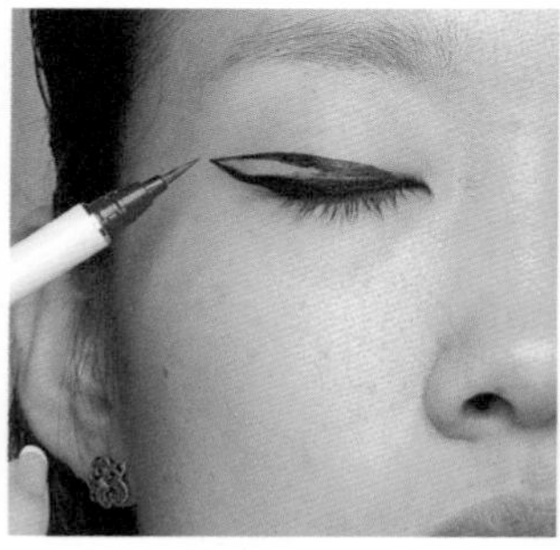

5 向后画出眼线的轮廓

6 填补空隙，让眼线流畅、清晰

发型篇

1 把头发打湿

2 喷上摩丝

3 为头发三七分缝

4 把一侧的头发梳理整齐

5 头顶的头发也要梳出空气感

6 用吹风机吹干头发

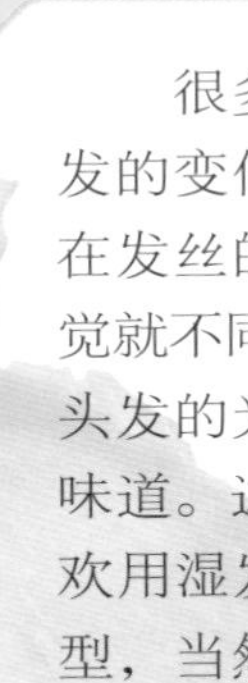

小P老师导言

很多短发的女生总觉得短发的变化不多，其实短发只要在发丝的弧度上做些改变，感觉就不同了。除了发梢的弯度，头发的光泽感也能体现不同的味道。这几季许多设计师都喜欢用湿发做出性感又个性的造型，当然不是让你洗完头湿漉漉地上街，这些看上去像是刚从游泳池里上来的性感发型其实也是有小心机的。

服装篇
变身心得：
这次小 P 老师给我打造了湿发的造型，我太喜欢了，时尚感特别强。以前我都不敢打扮得这么中性，怕个子高高的会更像男生。圆形墨镜和皮衣让我觉得自己好有气场，成了路人的焦点，完全颠覆了我以前的形象，太酷了！
Before
“皮革质地的外套强调个性的感觉。”

黑色与白色条纹的高跟鞋让你气场十足

虽然手包的图案非常抢眼，但因为是黑与白的搭配，所以不会打乱整体造型风格

前卫的高腰包身短裤带着编织元素，让时尚感瞬间增加

复古款式的眼镜让你更显神秘，圆形细节让脸更显小

拥有高挑身形的你更应该自信起来，别人看你是因为羡慕你，你有这么好的身材条件，当然不能白白浪费了，大胆地玩转时装混搭吧。无论是皮草配球鞋还是棒球外套搭洋装，我觉得你都能驾驭。当然，还有一个既能装酷又能避免与陌生人眼神交流的法宝，就是墨镜。只有了解自己的脸形，才能挑到最适合自己的墨镜，之前我在媲美网的《魔法课堂》节目中分享过不同的脸形如何选择墨镜，我帮你整理一下吧。

找到适合你的日系风

Beauty SOS

媒体公关 Mikayo 困惑求助：

私下里我爱翻日系杂志，经常将模特的搭配示范和单品剪下来，收集在小本本里，每天穿搭的时候就用它来找灵感。我对自己的身材是比较有信心的，但是脸上的肉肉老是减不下去，请教小P老师，有什么方法能让脸小一些呢？

妆容篇

注射玻尿酸 Tips:
注射玻尿酸的针头比平常验血时用的针头要细得多，基本上不会感到疼痛。注射后效果一般可维持 6~12 个月。建议术后 24 小时内不要涂抹有刺激性的护肤品，在饮食上忌食刺激性食物。

小P老师解答

如果要在你的脸上挑毛病的话，就是你的下巴偏短，所以看上去脸显得宽。如果把下巴拉长，那么从视觉上看，脸就会变窄，起到瘦脸效果。如果你够勇敢的话，可以用注射玻尿酸的方法来拉长下巴，只要找到专业的机构，这个手术非常安全并且创口非常小，几乎不会被人发现你偷偷地在脸上动了手脚，而且马上就能看到效果。但是，玻尿酸是会被人体吸收的，所以每次注射大概只能维持一年。当然，除了医学美容，彩妆也能起到修饰脸形的效果，你可以利用化妆增加苹果肌的立体度，让脸形往中间靠拢，从视觉上看，脸也会变小。

注射过程

2

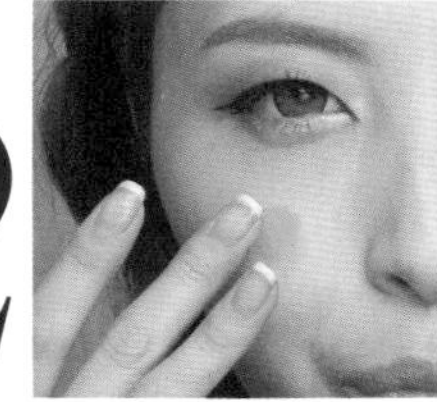
用指腹蘸取适量腮红液，轻点于笑起来时脸颊的最高处

用指腹以轻拍画圆的方式，从中间逐渐向外推匀腮红液

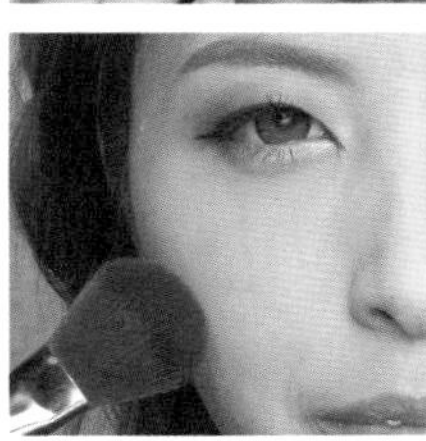
用蜜粉刷蘸取蜜粉轻扫于腮红处

用腮红刷蘸取珠光粉点在苹果肌最高点

发型篇

小P老师导言

想让脸看起来小巧精致的发型诀窍就是头发要够蓬松——不是卷，是松。很多人以为把头发弄得很卷就能让脸显小，其实那样只会让头看起来显得很大。其实，只要让发根有蓬松感就可以了，你平时喜欢日系女生的穿着，也可以尝试浅色系的发色，搭配有层次感的服装会更显年轻。如果想更有个性，也可以加入一些彩色的挑染，这种挑染的发色在很多日本歌手的发型上常常能见到。目前也有一些彩妆品牌会推出一次性的染发粉饼，在参加派对时可以玩一下。

1 取小束头发拧转

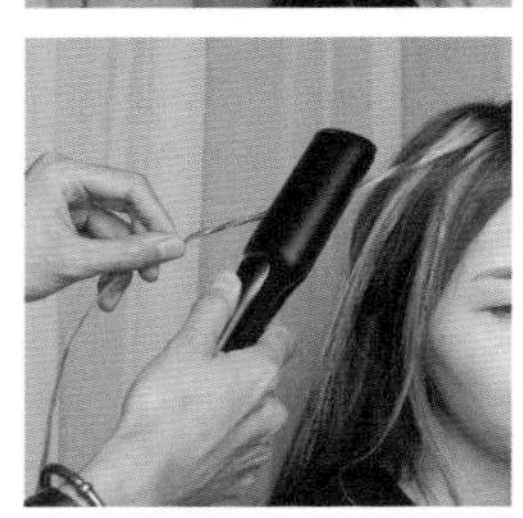

2 用夹板把拧转的头发定型，烫出旋转的纹理

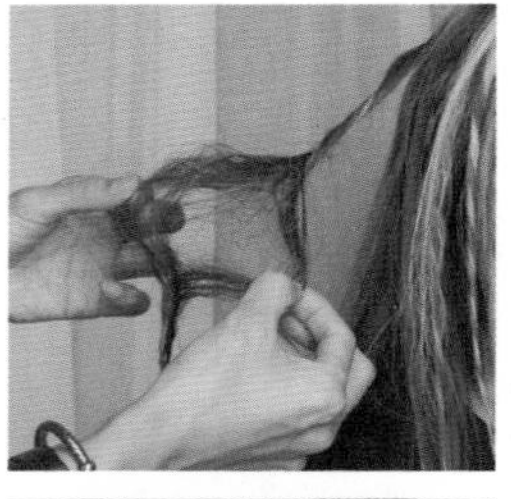

3 用撕拉的方式把卷拉开

4 用手指倒梳头发，营造随意的蓬松感

服装篇

变身心得：

“天哪！这真的是我吗？！”这是我想大喊出来的话，起初真的难以想象彩色头发会是什么样的效果，没想到这么清爽活泼，还有点酷酷的摇滚风。我现在每天做得最多的事情就是自拍，我越来越爱自己了。

小P老师建议

每个爱美的女生的衣橱里一定有好多各式各样的衣服，不同风格的服装能营造出不同的个性。利用 oversize 的廓型外套可以轻松突显出娇小的脸形，选择胸前有明显装饰的图案，也可以起到吸引视线的效果。想突显小脸轮廓，你还可以利用棒球帽来实现，选择头顶设计成圆形的款式，它较大的面积与下巴的线条形成明显的对比。

款式新颖的棒球帽起到减小面部体积的效果

果冻透明手包提升整体色彩

百搭的白色高跟鞋与白色短裙相搭配，拉出修长的腿部线条

Before
告别熊猫眼，
拥有好心情

Beauty SOS

编导 Siri 困惑求助：

我是一名电视编导，已经做这行四五年了，没日没夜地挂着电脑审片子早就成了我人生的一部分，熊猫眼也因此成了我的“杯具”！我每天困困的，看起来特别没有精神，都不敢照镜子了，感觉自己比同龄人老了很多岁！而且我的眼睛总是肿肿的，因为睡眠不足，脸也容易水肿，赶上不工作的时候我绝对是个宅女，以为把加班缺的觉补回来脸就不肿了，但根本无效！因为身心疲惫，有时间宁愿在家多睡几觉，哪有精力再跑美容院？！久坐加上没空去健身房，我的大腿越来越粗，现在完全不敢碰裙子了，自己变得更不自信了！

小P老师解答

黑眼圈是个异常顽固的敌人，日常保养和充足的睡眠会让它减弱，但只要稍不留意，它又会跑出来兴风作浪。黑眼圈的种类很多，只有足够了解，才能彻底消灭它。

黑眼圈分为三大类

- **青色黑眼圈：** 血液循环不畅导致眼周肌肤泛青，这是最常见的黑眼圈类型。
- **黑色黑眼圈：** 眼睛浮肿及眼袋松弛，在脸上形成阴影，这属于松弛型黑眼圈。
- **咖啡色黑眼圈：** 眼周色素沉着或肌肤暗沉导致的色素型黑眼圈。

教你检测你的黑眼圈

对着镜子，脸上仰 45 度，用手指将下眼睑轻轻扯平，观察镜子中你的黑眼圈变化。

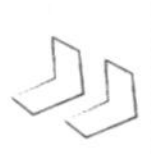

对症下药消灭黑眼圈

青色黑眼圈： 寒性体质、血液循环慢、缺乏运动、经常熬夜的人最容易产生青色黑眼圈。所以，这类人要好好休息，不要给自己过大的精神压力，避免过度用眼。选择能促进血液循环的眼霜对这类黑眼圈最有效，使用时，辅以适度按摩，从眼尾到眼头顺时针按压穴位，帮助排除老旧废物。

黑色黑眼圈： 皮肤弹性不够、细纹多、眼睛特别大、容易水肿的人较易产生黑色黑眼圈。多补充胶原蛋白，增强肌肤弹性，选择能增加胶原纤维弹性的紧致型眼霜，是这类黑眼圈的最佳选择。

咖啡色黑眼圈： 由于天生就有较多的黑色素或是外界环境所致的色素沉淀，这类人一定要多用美白眼霜，代谢淡化掉眼皮上累积的黑色素，让眼眶周围的肌肤明亮起来。另外，平常卸妆一定要卸干净哦！推荐使用专用的眼部卸妆液。

妆容篇

彩妆掩盖黑眼圈的步骤

1 在眼下呈放射状点上珠光饰底乳，用手指涂抹均匀

2 用遮瑕膏涂抹黑眼圈处

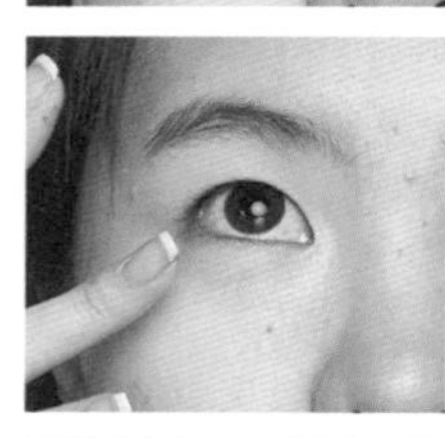

3 用眼影刷蘸取珠光蜜粉轻扫刚刚遮瑕的部位

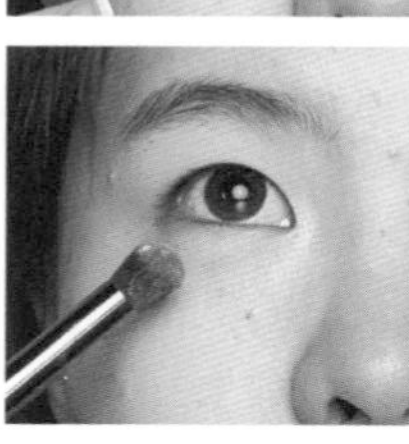

4 在上眼皮上刷上金棕色眼影

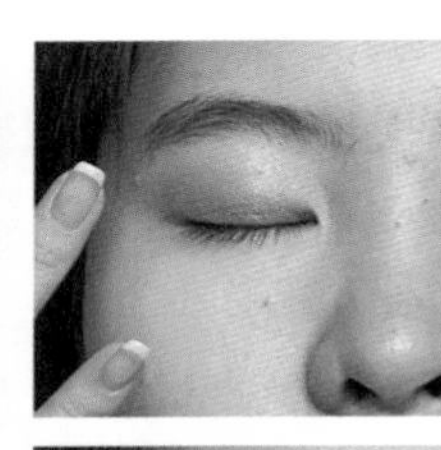

5 沿睫毛根部描绘一条有存在感的眼线

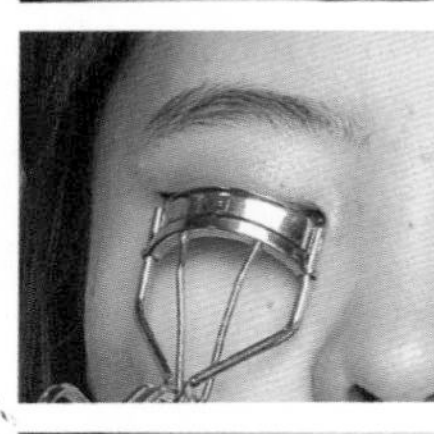

6 将睫毛夹翘

7 刷上睫毛膏，制造浓密睫毛的效果

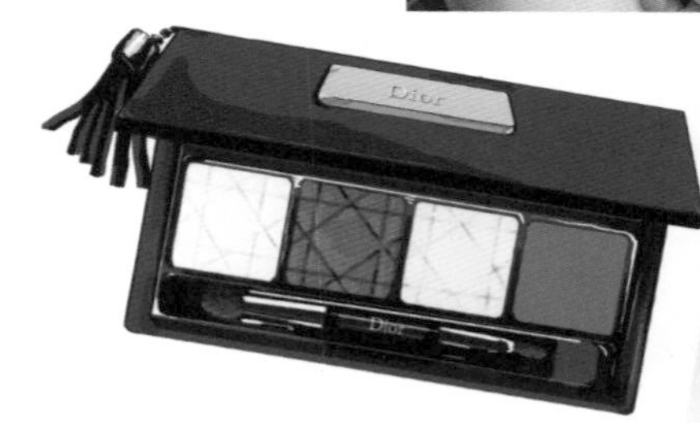

发型篇

小P老师导言

黑眼圈导致面部暗沉，加上偏黄的发色，会让你看起来气色不太好，建议你把头发染成深棕色系，会有提亮肤色的效果。发型部分可以利用微微的卷度增加头发间的空气感，让你看起来更有朝气。自信是自己给自己的，加油！

1 用卷发棒将耳垂以下的头发向内卷

2 把鬈发梳开，营造自然效果

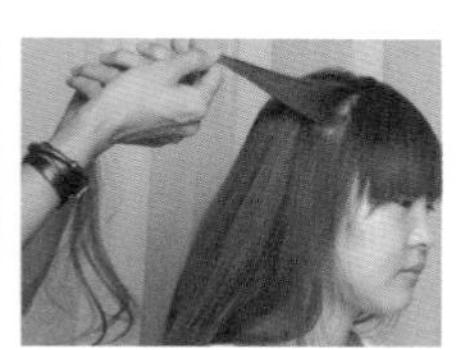

3 在耳朵上方取适量的发束

4 编成鱼骨辫，发尾可以用尖尾梳逆向打毛

5 另一侧也做相同的处理

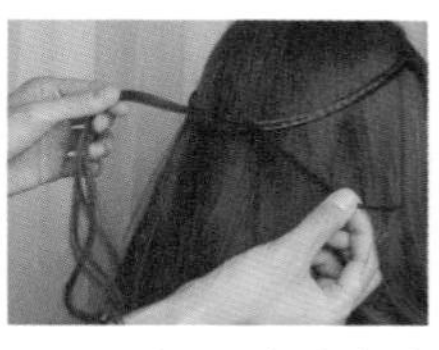

6 把两束头发合在一起，打结

7 用发卡固定

服装篇
变身心得：
我感觉整个人都变了，终于和
素颜、肥裤子 say bye bye（说
再见）了，没想到自己会变得这
么有女人味，不由自主地昂首
挺胸，自信心要爆棚了。
Before
“牛仔短上衣拉
长腿部线条，遮
挡较粗的上臂。”

小P老师建议

穿裙子是每个爱美的女生都喜欢的，如果因为大腿粗而彻底告别裙子，那真的是一件很令人遗憾的事情。其实，裙子并不是腿粗女生的禁忌，它甚至还可以起到美化双腿的效果。首先，避免比较紧的包身裙，避免大腿肌肉的轮廓过于明显；其次，不要穿质地轻薄的马卡龙色裙子，它有放大视觉效果的作用；最后，选择有设计感的短裙或者是宽松又飘逸的长裙，让双腿的肉肉瞬间隐形吧。

打造有精神的好气色妆容

Beauty SOS

广告公司 Shirley 困惑求助：

我是一名销售，虽然拿着较高的薪水，但是没日没夜地加班真的很辛苦，下班后还经常有应酬，非常疲惫。前几天大学同学聚会，好多年没见的姐妹在一起聊天，有个朋友说："你是不是没睡好？脸色挺不好的！"当时，一个我从大学起就暗恋的学长也在场，我差点没哭出来！本想约他吃个饭，结果也没勇气开口了，这都是我的倦容害的！

小P老师解答

最快速的打造红润好气色的方法就是利用腮红等彩妆进行修容哦！你看起来肤色不太均匀，需要加强日常保养。彩妆方面，闪亮亮的珠光就是你最好的选择！细致珠光的粉嫩效果还有减龄的作用哦！

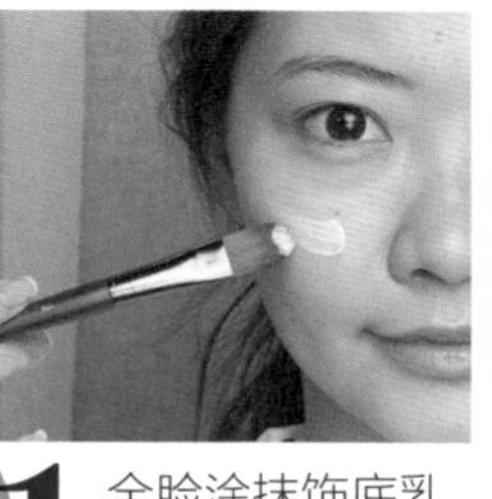

1 全脸涂抹饰底乳，轻轻推匀，为肌肤增加润泽感

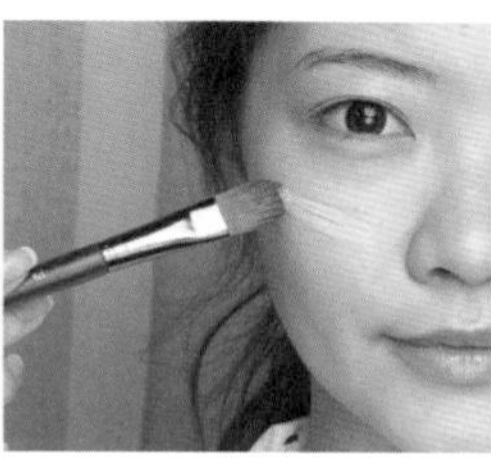

2 以轻点的方式全脸涂抹粉底霜

3 用刷子将珠光蜜粉轻扫在全脸上，增加淡淡的光泽感

4 打亮 T 区、C 区

5 将淡粉色腮红大面积涂抹在脸颊上，增加血色感

6 用提亮粉点缀苹果肌

小P老师导言

倦容使整个人看上去像没睡好，肤色显得暗淡，将头发染成浅色，可以调整肤色，使肤色显得更白皙。另外，你的脸有点肉肉的，不妨将头发做出一些弯度，修饰脸形，还能增加柔美小女人的气质哦！蓬松的鬈发造型一直受到MM（美眉）们的喜爱，在做造型之前可以喷一点蓬蓬水，这样做出来的造型会更漂亮哦！

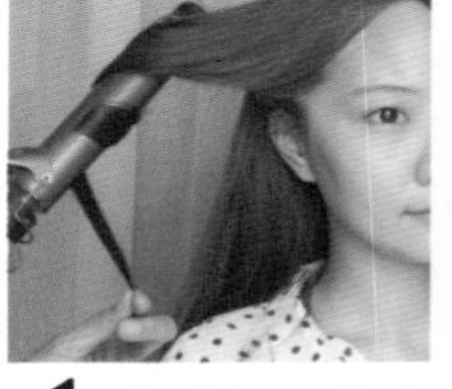

1 将脸颊旁的头发向内卷，演绎出甜美风情，留出10cm发尾不卷

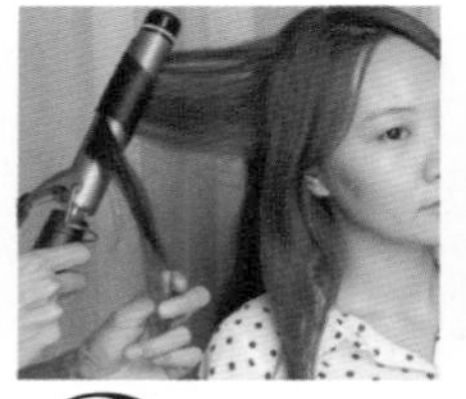

2 将里侧的发束向外卷，强调圆润感，也留出10cm的发尾不卷

3 用手指当梳子，扎出马尾辫

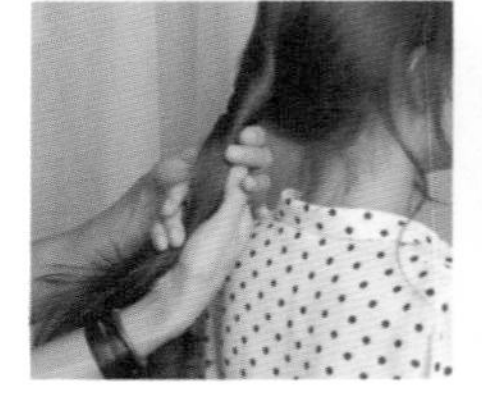

4 拧转马尾

5 适当向上推，让后脑勺更饱满

6 用发卡固定

7 撕拉头发，营造出丰盈的发束

服装篇

变身心得：

当老师为我戴上首饰时，我看到了周围人赞赏的目光，他们不停地说："太美了吧！"我照照镜子，鲜艳的衣服让我看上去真的不那么暗淡了，整个人的精神状态也不一样了，是不是能用气质美女来称呼自己了？哈哈！

"扎染元素的包身连衣裙不仅有明亮的色彩，能提亮肤色，而且能让你看起来个性十足。"

小P老师建议

过于忙碌的工作让你的倦容越来越明显，除了彩妆和发型的修饰，选择颜色亮丽的服装也能让你显得更有精神。马卡龙色、亮片元素、花朵图案等都是打造好气色的秘密武器，让你立刻甜美又优雅，成为大家关注的焦点。

设计感十足的项链画龙点睛，让人眼前一亮

肤色高跟鞋隐形拉长腿部线条

选择颜色不那么明显的金属色手环与手包，既前卫又不过于抢眼

Before

高个子女生
也可以小鸟依人

Beauty SOS

市场专员梦雅困惑求助：

我的个子很高，虽然很多人羡慕，但我觉得身高给我带来了不少麻烦。最明显的一点就是个子矮的同事中午都不愿意和我一起出去吃饭，而且不知道是不是因为身高的问题，我找男朋友也很难。因为对身高敏感，我去约会从来不太敢穿高跟鞋，而且作为“高妹儿”，我穿什么都缺少一种小鸟依人的感觉。我也想变得甜美、娇滴滴起来，好像甜美公主一样人见人爱！

小P老师解答

个子高其实是个优点啦，而且更容易塑造性感的形象。如果身高真的给你带来了困惑，可以从妆容上做些改变，拉近和大家的距离。你的眉峰至眉梢比较稀疏，所以在无修剪的前提下，眉毛看上去比较凌乱。平整又柔和的眉形能让你看起来充满亲和力，粗粗的线条在无形中给人平和的印象，适当加宽两条眉毛的距离，整个人瞬间感觉精神了很多，在无形中增加了别人对你的好感度。这种帅气粗眉是现在的流行趋势，非常适合平常爱素颜的女生们哦！

眉毛脱妆 Tips

用粉扑轻轻按压眉毛去除油脂，花掉的眉梢也要擦干净。眉头切忌描绘过度，可以用染眉膏代替眉粉。

眉形比例图示

说到眉形，很多女生都想知道标准的眉形比例是怎样的。其实，通过鼻子、瞳孔、眼角和嘴角的连线，就可以确定出眉头、眉峰和眉尾的位置，让眉形标准到永远不会出错！

妆容篇

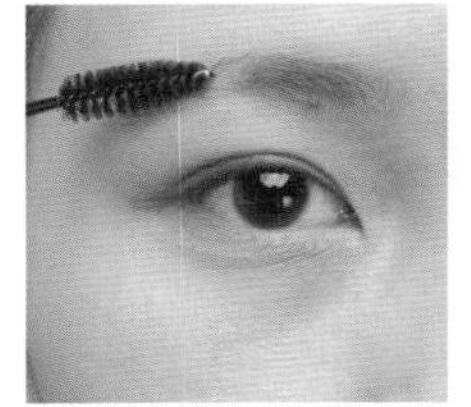

1

在修眉前，先用刷子将全部眉毛按自然生长方向梳理

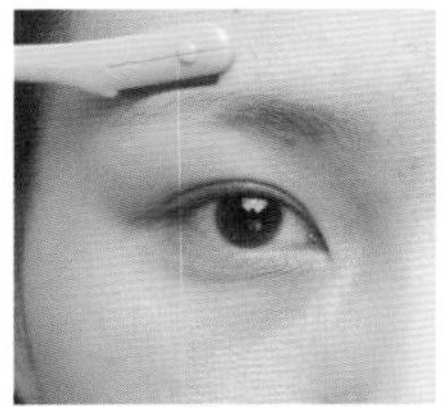

2

用眉梳向上、向下垂直梳理，用小刀清理杂乱的眉毛边缘，并仔细刮出标准的眉形

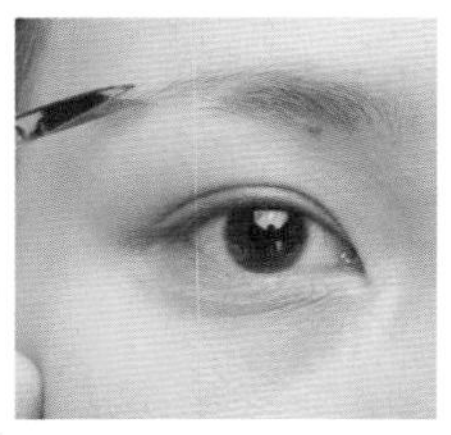

3

整体修剪，用剪刀从外侧修剪掉眉峰、眉头周边超出眉毛整体线条的毛发

4

眉梢处用眉笔勾勒简单的形状

5

眉头部分用眉粉晕染出自然、完整的眉形，然后用同色染眉膏整体刷匀

6

用眉毛液局部填补空缺的眉毛，营造自然生长的眉毛效果

发型篇

小P老师导言

你的头发比较长，也很柔顺，可以变换出很多造型。既然早上没太多时间打扮自己，就推荐一款超简单的鬈发造型吧！打造技巧是以拧转的卷发方法代替普通的卷发方法，只需将头发拧转，再固定到一起就可以了，既简单又节省时间。侧偏发能增加女生的柔美，配合鬈发的元素让头顶看起来更加饱满。

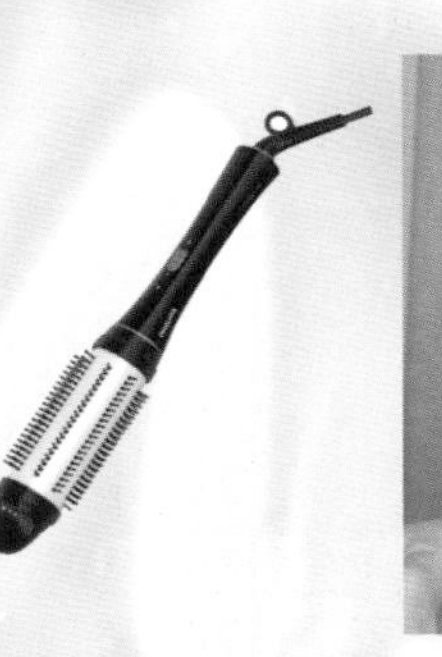

1

发尾整体上大卷，并营造一定的蓬松感

2

用手指拉松头发，让发卷的弧度更加自然

3

用撕拉的方法营造蓬松的感觉

4

用发胶定型

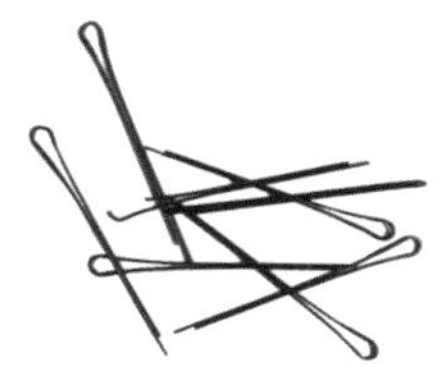

服装篇

笑脸包包强调时尚感

小P老师建议

个子很高确实容易给人压迫感，使人产生距离感，显得没有足够的亲和力。建议你平常可以穿得休闲简约一些，不必太花哨，这样大家就不会觉得你那么难以靠近。套头帽衫是最让人有亲近感的造型单品，还能打造出美式街头 style（风格）！不管是简约字母款帽衫 + 花裤子，还是加入条纹等时髦元素的单品混搭，都非常有趣！

米奇形状的帽子体现出时尚感，这样的款式与黑色搭配，赢得更多赞许的目光

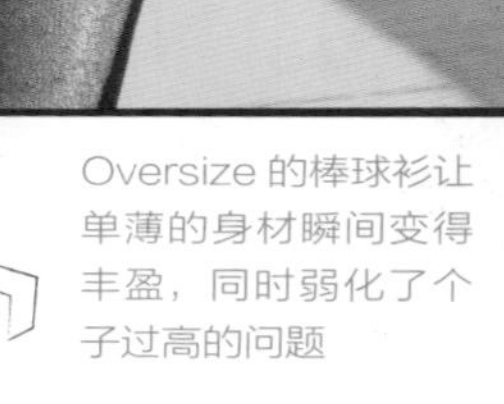

Oversize 的棒球衫让单薄的身材瞬间变得丰盈，同时弱化了个子过高的问题

Before
变身心得：
原来，我也能像明星一样漂亮！虽然身高是改变不了的事实，但老师让我意识到个子高并不是缺点，利用好了可以增加气质！一成不变的单调直发终于变成了鬈发，如此减龄的整体造型也给我增加了不少信心。我要通过自己的不断调整和努力来减少与朋友、同事间的距离感，也要变得更加大方和成熟。

Beauty SOS

银行职员琦琦困惑求助：

每次看到杂志上或电视里那些明星的巴掌小脸，我都羡慕不已，从小就是肉肉脸的我不知道有什么方法可以让我迅速变小脸。另外，因为职业的关系，我每天都穿固定的工作服，平时的打扮也比较随便。过几天有一场同学聚会，都是好几年没见的同学，我希望可以漂漂亮亮地出现，但不知道该怎么办，小P老师帮帮我！

三分钟打造V脸妆容

小P老师解答

其实，很多在屏幕上看起来刚刚好的明星在生活中都过瘦，镜头有放大的效果，所以他们都得维持XS的size（尺码）。其实，过瘦的脸形很容易给人一种老气和不健康的感觉，略带一点饱满感的心形脸才是当下最流行的脸形，它既没有babyfat（婴儿肥）的稚嫩感，又能给人留下柔和的印象，看上去更加年轻。年轻肌肤的皮下脂肪和胶原蛋白原本就比较充盈，所以看起来会有些babyfat。琦琦你别担心，等你年纪再大一些，babyfat自然就会消失了。现在只要利用简单的上妆技巧就能让你的脸颊看上去缩小一圈，跟明星一样上镜。

“脂肪移植”的彩妆

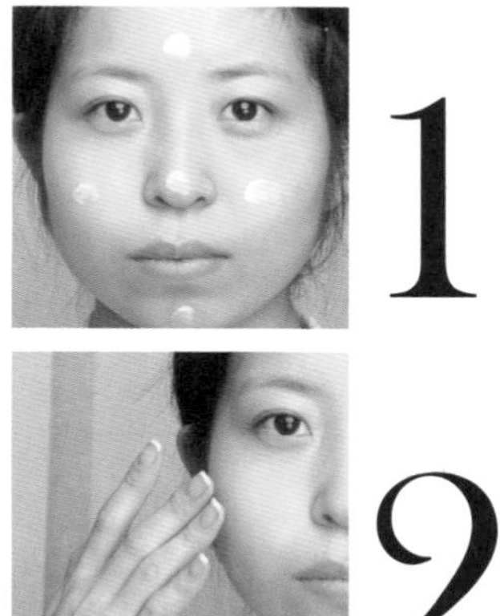

1 将具有光泽感的饰底乳涂抹在苹果肌、额头和下巴上

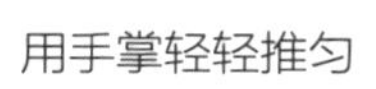

2 用手掌轻轻推匀

3 用手掌按压涂抹提亮液的部位，在自然光下会使脸形显得更加立体饱满

4 用粉底刷涂抹粉底，粉底量一定要少，薄薄的一层即可

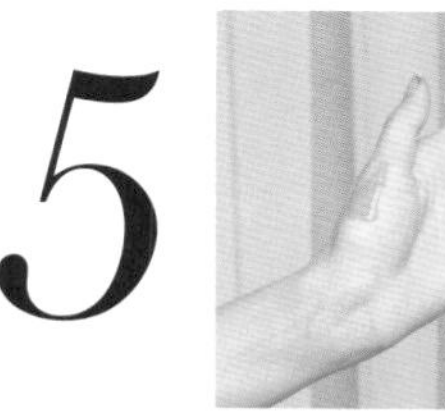

5 用比肌肤深一号的粉底液涂抹在左手大拇指下方处

6 双手相对，将粉底液揉匀

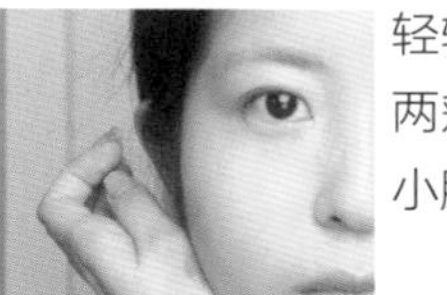

7 轻轻按压在两颊，营造小脸阴影

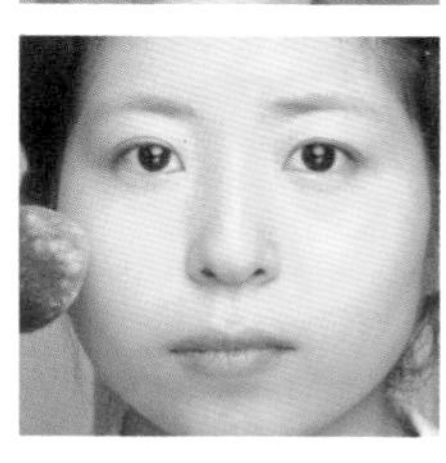

8 扫上蜜粉定妆，让阴影和高光更加柔和、自然

发型篇

以耳朵为分界，取耳朵上方的适量发束

1

用皮筋固定

2

剩余的头发紧贴上方的马尾，用皮筋固定

3

拉松马尾，营造自然的效果

4

用定型喷雾定型

5

变身心得：

以前不敢尝试的风格今天都试了一次，这种有度假感觉的服装风格真的能让人心情变好。而且，化过妆的自己变化好大，完全变成了另一个人！高马尾营造出极强的气场，不愿意再那么唯唯诺诺、不敢出声了。好想快点到周末，和朋友出去玩玩，让她们见到这个全新的自己。

小P老师导言

想让肉肉脸变小，除了彩妆外，发型也能帮上忙，头发造型的重点是要利用V形线条来改善脸形。很多肉肉脸的可爱女生都会像琦琦一样选择齐刘海来突显可爱感，其实齐刘海会让圆形的脸看起来更圆，原因就是齐刘海让脸变短了。在刘海的地方抓出倒V的空隙，头顶的发根蓬松一些，就可以拉长脸部的线条了。圆脸的女生要记住：脸颊两侧的头发要利落，简单的直发或马尾会比髻发更适合你。

服装篇

因为洋装已经足够多彩，所以项链、手包的色彩不可以再抢眼了哦，选择同色系更合适

接近肤色的鞋子无形中拉长了腿部线条

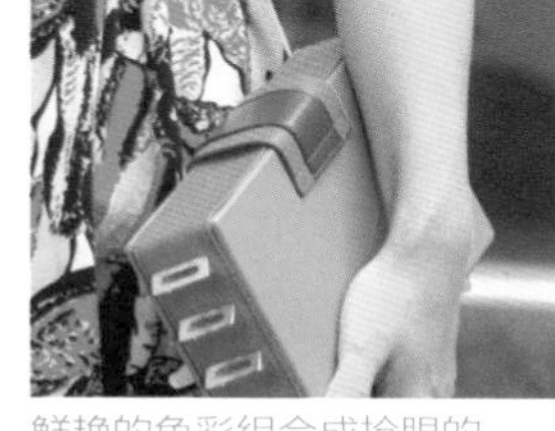

鲜艳的色彩组合成抢眼的图案，释放青春的能量

小P老师建议

身材娇小的女生想要显得高挑，重点不是要“变高”，而是要调整身材的比例，只要把腿的比例拉长就会让你瞬间“长高”很多哦！我们亚洲人的上身和腿的比例大多是4:6，有些人甚至是5:5，只要挑选合适的服装和配饰，就能变身成名模的3:7的完美身材。想要拥有完美的身形，首先要让你的上半身缩短一些，短款的夹克、高腰的洋装都是能起到缩短上半身效果的单品，上半身变短了，腿的比例自然就变大了。腿部线条不错的小个女生可以尽量挑选短裤或短裙，将腿多露出来一些，再把鞋子想象成腿的延长线，挑选接近肤色的鞋子，就能把腿部的线条延伸到趾尖。这些穿搭小技巧能让你瞬间“长高”10厘米！

拯救严肃颜，赢得好人气

Beauty SOS

公司主管 Fen Fen 困惑求助：

小 P 老师，工作占据了我大部分的时间，我在公司里是管理层，慢慢地，我在生活中也习惯了一丝不苟、严肃认真，穿衣风格也一成不变。同事们都喊我姐姐，其实我跟大家差不多大，虽然到了谈婚论嫁的年纪，却一直找不到属于我的 Mr. Right（白马王子），会不会是因为外形的原因呢，能给我一点指点吗？

1

用淡绿色眼影大面积涂抹

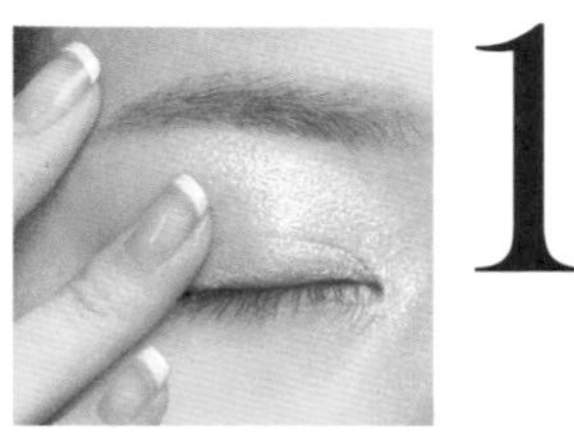

2

在睫毛根部涂抹棕色眼影，防止眼部浮肿

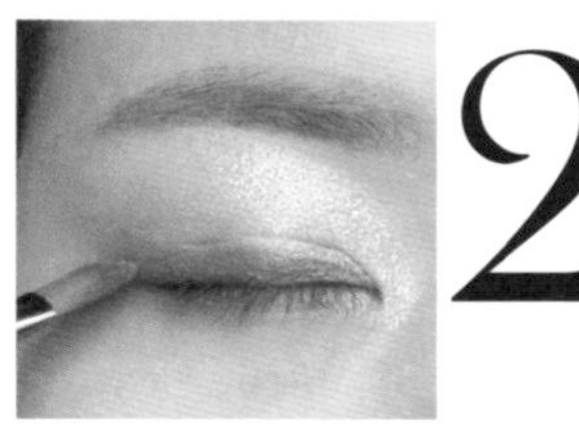

3

眼尾处用眼影笔的残留轻轻涂抹

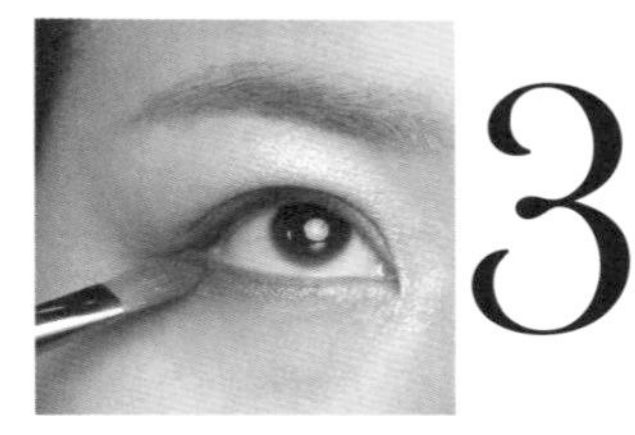

4

眼头的位置用金沙色提亮

5

描绘自然、纤细的眼线

妆容篇

小P老师解答

女生觉得最尴尬的事情就是让别人误以为自己年龄很大，我在很多媒体上都跟大家说过，专业不等于老气，现在的职场造型也可以很时尚。你的眼睛轮廓天生上扬，很容易给人太过厉害、不好接近的错觉。肤色比较暗的女生也比较容易有年龄感，平时做肌肤护理时要注意补水，以增加肌肤的光泽感。彩妆部分可以利用眼线来改善眼形，工作时上扬的眼形会让人感觉比较有 power（力量），工作之余，可以将眼角往下延伸一些，再搭配上、下睫毛的处理，就可以起到柔和减龄的效果。我觉得男生会喜欢一个需要被自己保护的女生，营造出适度的柔弱感会让男生更想认识你哦！

6

用睫毛夹夹卷睫毛

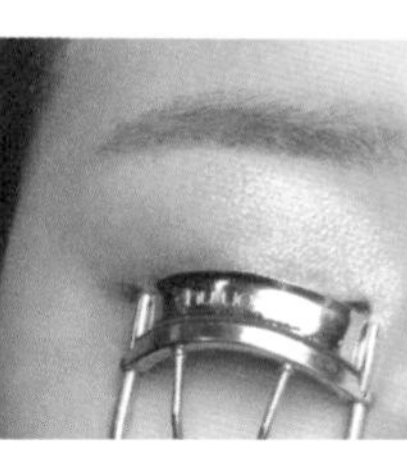

7

用睫毛膏涂抹睫毛

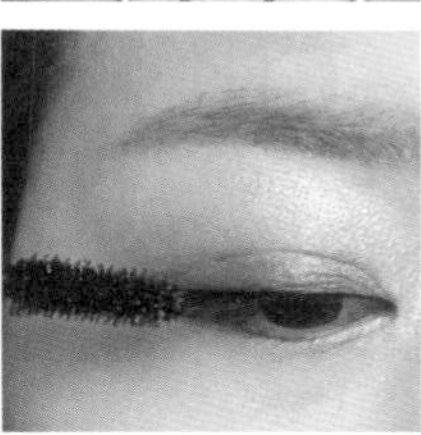

8

下睫毛也要强调，这样的眼妆更迷人

发型篇

小P老师导言

前面说到暗沉的肌肤容易给人带来年龄感，除了增加肌肤本身的光泽感，还可以改变原本深色系的发色，对比之下，肤色就会瞬间变亮了。所以，挑对适合自己的发色跟化妆同等重要。偏向黄色系的暖色调肌肤可以搭配古铜色、棕色、橘红色系的发色，如果你的肤色是带点灰灰、蓝蓝感觉的冷色调，可以搭配亚麻色、紫红色系的发色。

肤色类型	适合发色
偏向黄色系的暖色调肌肤	古铜色、棕色、橘红色系
灰灰、蓝蓝感觉的冷色调肌肤	亚麻色、紫红色系

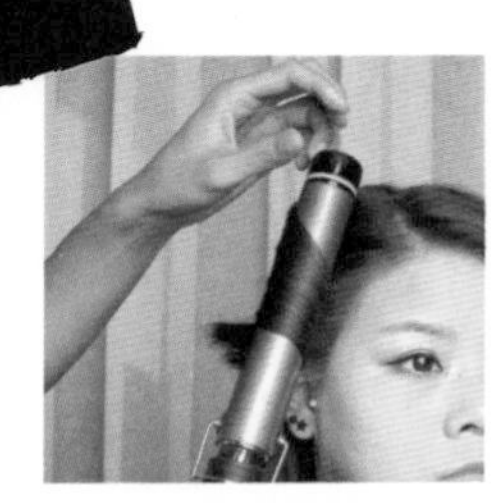

1 全头卷发，靠近脸颊的头发向内卷

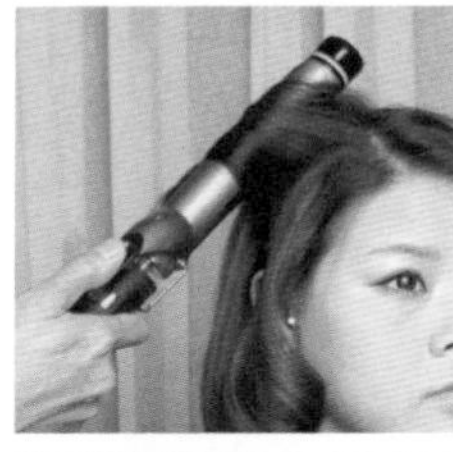

2 里侧的头发向外卷，营造丰盈的发型

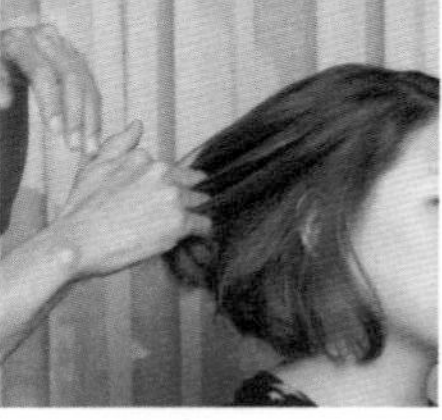

3 用手指当梳子，打散鬈发

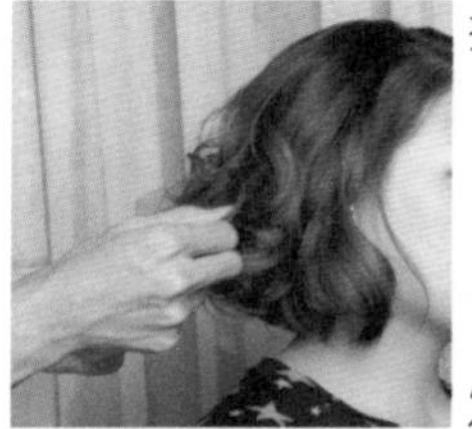

4 发尾用手指搓开

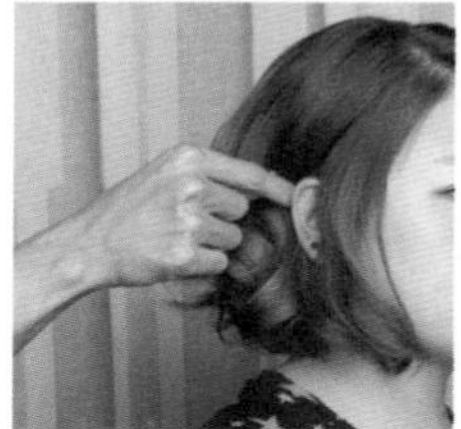

5 一侧头发别在耳后，另一侧头发自然散落

6 定型

Before

小P老师建议

一提到用服装来达到减龄的效果，很多人就会联想到日系可爱风——荷叶边加蕾丝搭配粉色系小碎花。如果你也走这条路，那就糟了，粉色系小碎花会让你的肤色看上去脏脏黑黑的，荷叶边和蕾丝会让你的身形膨胀。我会建议你挑选大色块的饱和色系服装，用鲜艳的颜色来提亮你的肤色，有垂坠感的面料可以增加你的女人味，款式不用太烦琐，简单点反而更适合你。

软妹子的变装进行时

Beauty SOS

幼师媛媛困惑求助：

我是一名幼师，每天都和孩子们在一起，我非常享受这种被童真和单纯围绕的环境。其实，我的个性也比较像孩子，在服装搭配和化妆方面没什么经验。我只是希望自己能变得越来越温柔，今年我和男朋友准备结婚了，我希望自己能在结婚前彻底变成软妹子，做一个全新的自己。

想要变成软妹子也不难，软妹子的妆容不需要太浓重，最重要的是要有一双温柔的眼睛，单眼皮的女生可以借助双眼皮胶带，大大的眼睛更能营造出无辜的眼神哦！你可以把 100% 的精力都放在眼睛上——打造圆圆的眼睛和可爱的卧蚕，就算你不会撒娇，只要和男朋友对视，眼睛里就会闪烁着无辜！化卧蚕妆时，确定好卧蚕的位置十分关键！可以先对着镜子微笑，看到笑起来时眼睛下方那块鼓起来的小肌肉了吗？就在下睫毛下面，那就是卧蚕的位置。利用彩妆品就可以打造出温柔眼妆。

小P老师导言

温柔又不做作的发型是最受男生欢迎的，这种丸子头既随性又有小女生的天真和简单，当你和小朋友在一起的时候，感觉画面瞬间变得更和谐，亲和力十足。这样的造型同样适合外出逛街和约会，幼师的身份让你更容易赢得好人缘。

服装篇

变身心得：

我竟然变成以前自己眼里那些“小鸟依人”的姑娘了，心里真是乐开了花儿，服装和造型的改变让我讲话都不自觉地温柔了。我一直对自己的眼睛不自信，单眼皮实在很没神，利用彩妆技巧，我也拥有了眨巴眨巴的大眼睛，相信男朋友也会很喜欢。随着年龄的增长，我必须保持这种自信的心态。

Before

小P老师建议

你的职业是幼教老师，加上你的性格又像大孩子，我建议你用单色的上衣来搭配花朵图案的裙子。单色的上衣给人稳重、简洁的印象，花朵的图案既能突显出女人味，增强亲和力，又不会让整体显得单调。成熟和休闲的风格互相搭配，让你的外形更出彩。

Bling Bling（闪闪发亮）的桃红色项链充满可爱感，迅速拉近与小朋友们的距离

绿色短裙和红色高跟鞋让整体搭配更加鲜艳

白色包包与上衣色调协调，让人感觉舒服又大气

Before
几何控的
时髦变身秀

Beauty SOS

广告设计 Kinki 困惑求助：

我是个特直爽的北京女孩，大大咧咧的性格让我交到了很多好朋友，每次朋友遇到困难，我都会鼎力相助。但是，在公司里，我的“仗义”并没有为我赢得好人缘。看到身边的女同事都很漂亮，我感觉和她们格格不入。从学生时代起，我的发型就没有变过，生活中着装也非常简单，一直都是T恤、牛仔裤之类的。我现在做广告设计这行，打扮得时尚一点也是很重要的，小P老师快帮我做个时髦的造型吧！

小P老师解答

我觉得性格开朗的女生应该很容易交到朋友，不过在外形上你确实还有很大的提升空间。其实，想改变造型，变得时髦，不一定要做得很刻意，最重要的是要适合自己，符合自己的个性，才能创造出自己的独特风格。我建议你变身的第一步先整理发型，因为毛糙的短发会使你更加男性化。既然风格比较中性又想突出时尚创意，那么我推荐一款比较摇滚的眼妆造型——几何眼妆！这款眼妆非常适合短发的女生，看起来酷酷的又带一点神秘，仿佛眼睛上长出小翅膀！

妆容篇

1 在打好底妆的肌肤上描绘自然眼线

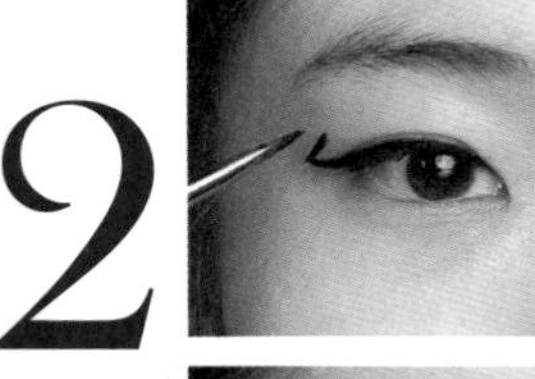

2 眯起眼睛想象眼尾出现一个三角形，先描绘三角形的两边

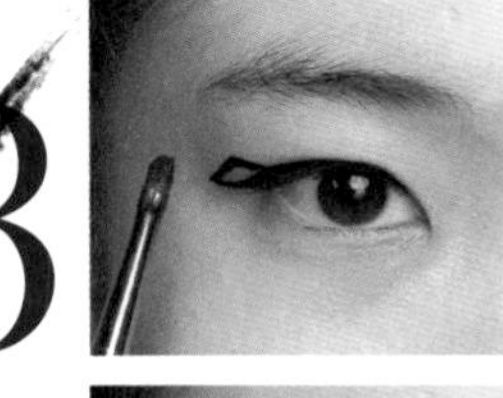

3 描绘完整的三角形，以眼睛自然睁开为前提

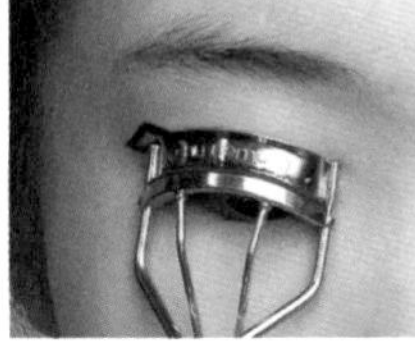

4 夹卷睫毛

5 涂抹睫毛膏

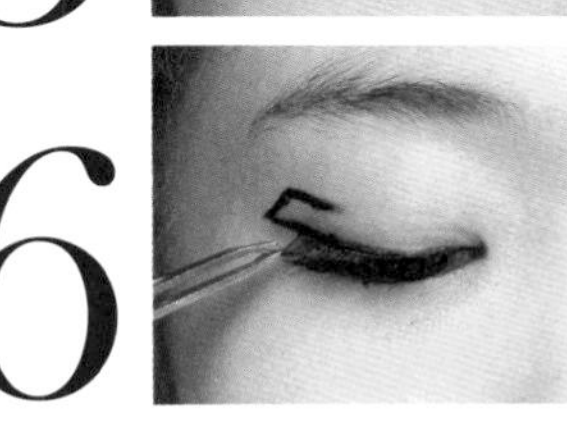

6 粘贴自然款式的假睫毛

小P老师解答

如果习惯了短发造型，可以在原有的基础上加入一些不同的感觉，也能变换出不一样的风格。你的肤色看上去偏黄，不妨在头发中加入一些彩色元素，可以根据服装或者喜欢的色系来选择颜色。除了染发，也可以利用彩色的假发片来做造型，这样就可以营造出属于你的缤纷多彩的发型，既迎合服装风格、修饰肤色，又能瞬间让时尚感爆棚。相信这个充满个性的刘海造型、中性又时髦的新形象，一定会让你马上成为大家关注的焦点！

发型篇

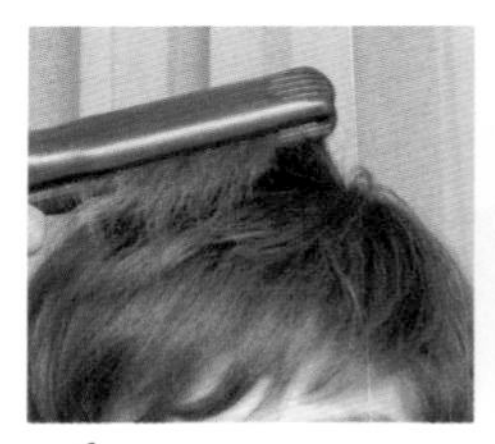

1 用直板夹将全部头发拉直夹顺

2 将头顶部分的头发用发卡暂时固定

3 挑选彩色假发片

4 用假发片后面的小卡子扣住发根

5 将头顶的头发放下来，稍稍遮掩住彩色假发片，让彩色假发片与真发很好地融合在一起

6 用手蘸取发蜡，将头发抓出蓬松的造型

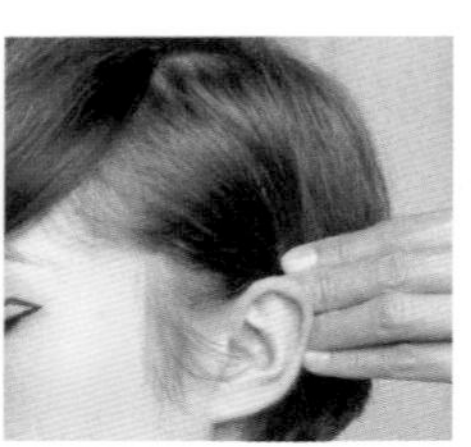

7 将侧边头发贴于耳后，营造出不对称的体积感

服装篇

皮质与金属感手环体现出浓浓的朋克味道

黑与白的嘴唇图案手包增加时尚的趣味感

巴洛克风的平底鞋与机车装呼应，强调时尚感

变身心得：

这次发型的改变可谓是我最大胆的尝试，浅浅的亚麻色发色既有个性又显得皮肤很白皙，配上新潮的几何眼妆，感觉眼睛被放大了两倍。一改以前呆板、平凡的穿搭，添上些帅气的铆钉、亮片元素，我突然觉得自己与众不同了，欧美中性范儿原来能给人这么强的力量感。忍不住对着镜子欣赏帅气前卫的自己，感觉有用不完的能量，努力让自己变得更完美。

小P老师建议

适合自己个性的打扮才是最能展现自己魅力的造型，你并不是一定要改变中性风格哦，通过小细节的改变同样能获得大时髦！在看似普通的T恤上增加一些配饰和时尚元素，就能提升时髦度。这款女明星们大爱的biker jacket（机车夹克），配上夸张的腕饰以及铆钉和金属等元素，立刻突显帅气和好品位。白色和黑色的融合不管是在秀场、街拍，还是在明星们的衣橱里，一直是穿搭率最高的时尚利器哦！

XL变身XS 小女生的秘诀

酒店职员佳琳困惑求助：

小P老师，你好，我天生是个小胖妹，身上的肉永远甩不掉。而且，因为工作需要，我长期站着，腿变得越来越粗，还会浮肿。我试了很多瘦身方法，但依然瘦不下来。闺密们经常用“大象腿”开我的玩笑，虽然知道她们没有恶意，但心里还是很别扭。我该拿什么拯救我的身材？

1

用金属质地的浅灰色眼影棒在上眼睑处描绘出较粗的线条

2

用手指大面积晕开眼影

3

用深灰色眼影棒涂抹双眼皮褶皱处

4

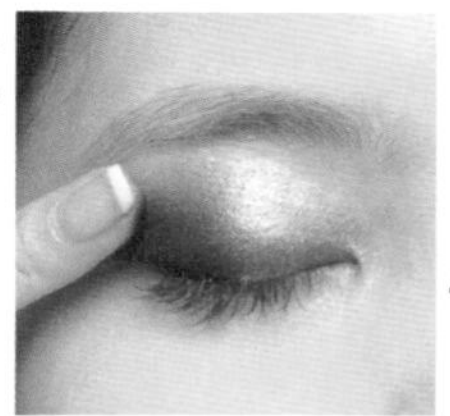

用手指小面积晕开眼影

5

用银色眼影笔晕染下眼线，协调整体色调

6

用眼线液描绘上眼线，从眼头描绘至眼尾，并在眼尾处轻轻上扬

妆容篇

小P老师解答

其实你的五官非常标致，不要一直纠结身材的问题，减重是需要坚持和时间的，再说太瘦的骨感身材也不适合你，反而微微丰腴的身材加上立体的彩妆会让你有点美国歌手碧昂丝（Beyonce）的feel哦！欧美系的装扮非常适合你，既大气又阳光健康。你的眼睛很美，适合各种眼妆。根据不同场合的需求，利用眼影打造出不同的烟熏妆是现在个性系的女生一定要学会的化妆技巧。虽然烟熏妆不好画，稍不小心就会弄成熊猫眼，但如果学会了，就能让眼睛变得深邃有神。媲美网的《美妆秀》节目里有好多美妆达人分享她们的彩妆小秘诀，有空你可以去看看，一学就会！

7

用睫毛夹夹卷睫毛

8

用睫毛膏刷出浓密睫毛的效果

发型篇

1 在头发上均匀喷洒柔顺喷雾

2 将头发水平分层，一般分成三层，发量多的分成五层

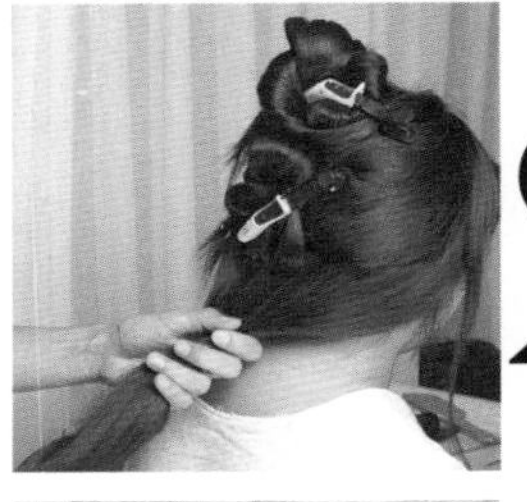

3 用32mm的卷发棒横向上卷发束

4 用宽齿梳梳出自然的大卷

5 为了营造丰盈亮泽的效果，可以挤适量的力士发乳

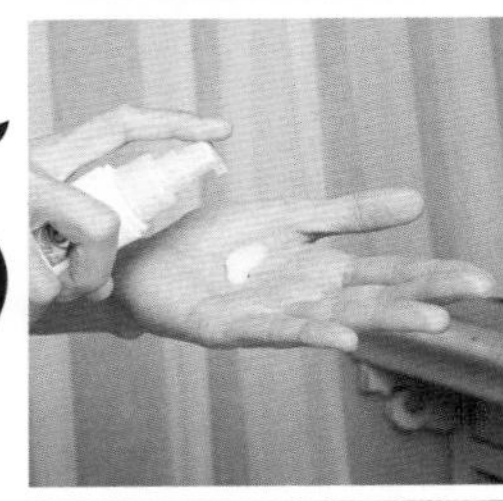

6 双手揉搓后轻抓发尾

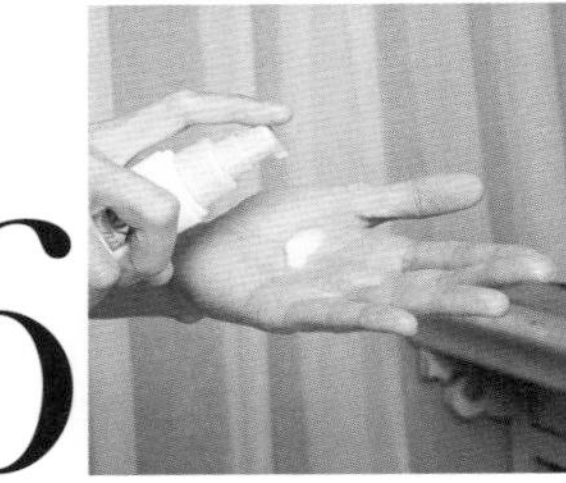

小P老师导言

欧美系的时尚发型关键是要大气，就像那些洗发水广告里的明星一样的大波浪鬈发或是飘逸长发，不需要太多的编盘技巧，只要让头发具有光泽感就够了，在修饰身材的同时把视觉注意力往上移，让彩妆和发型成为全身的焦点。我建议你改变发色，红色系的发色会让你看起来热情洋溢，同时变得个性十足，平时只要将头发上卷就很漂亮啦！

服装篇

变身心得：

因为胖而一直被嘲笑的我都不敢憧憬美好生活了，在我“胖”到谷底，觉得无力回天时，老师的神奇魔法术竟让我看上去显得高挑了！以前只敢选择黑色衣服，原来亮色也能衬托我！看着镜子里美美的自己，我第一次这么坚定地踏上了减肥之路，不能让肥肉把我的美丽吞噬，我会让这种信念永远伴随自己。

坡跟凉鞋拉长腿部线条，有力量感的设计承载略粗的小腿，显得更加协调

有棱角和线条感的包包改变圆润的身材印象

小P老师建议

想修饰肉肉身材的女生，大多都会选择黑色的服装，其实黑色是一种非常具有存在感的颜色，一身黑不但不能帮你藏肉，反而会更吸引大家的注意力。我建议你利用服装的剪裁和面料的搭配组合来修饰身材，就像化妆修容的原理一样，“外深内浅，外挺内软”。只要记住这个法则，肉肉女也能穿亮色，而且明亮的颜色会让你看起来脸色更好。造型的魔力就是这样，只要你有自信心，大家一定会更喜欢你的。

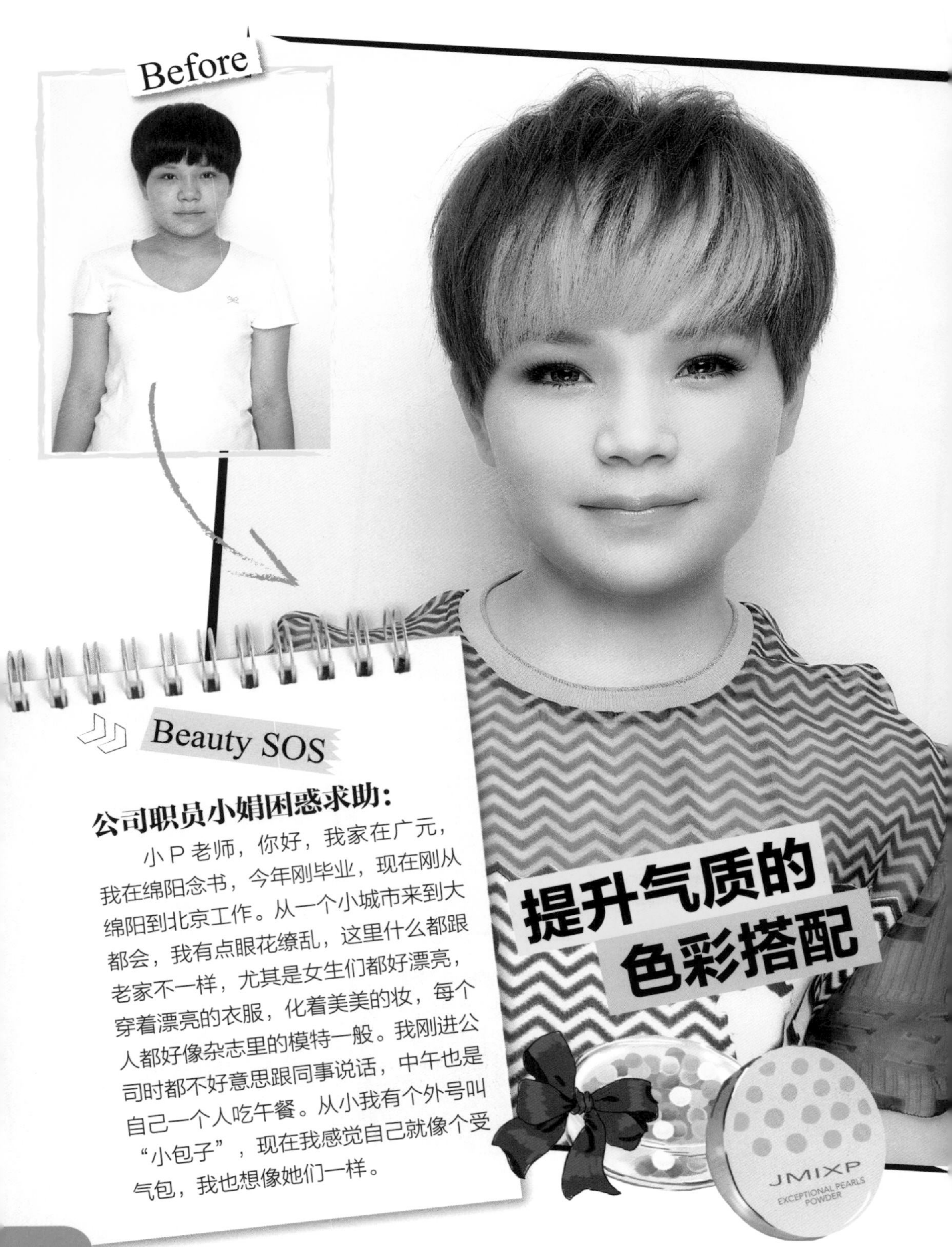

提升气质的色彩搭配

Beauty SOS

公司职员小娟困惑求助：

小P老师，你好，我家在广元，我在绵阳念书，今年刚毕业，现在刚从绵阳到北京工作。从一个小城市来到大都会，我有点眼花缭乱，这里什么都跟老家不一样，尤其是女生们都好漂亮，穿着漂亮的衣服，化着美美的妆，每个人都好像杂志里的模特一般。我刚进公司时都不好意思跟同事说话，中午也是自己一个人吃午餐。从小我有个外号叫“小包子”，现在我感觉自己就像个受气包，我也想像她们一样。

妆容篇

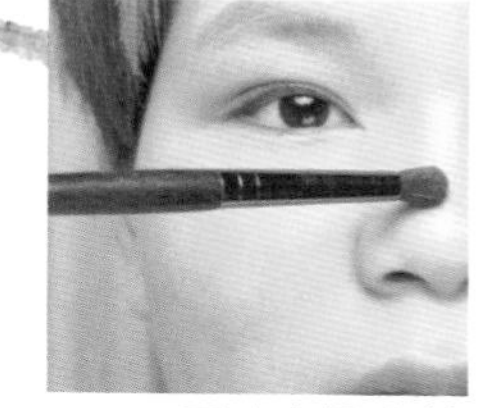

1 用珠光提亮粉从眉头往鼻尖轻扫，令鼻梁看上去更挺

2 在眉头下方刷上少量咖啡色眼影粉

3 用比肤色深一些的咖啡色在鼻梁两侧营造阴影效果

4 在鼻翼两侧刷上咖啡色眼影

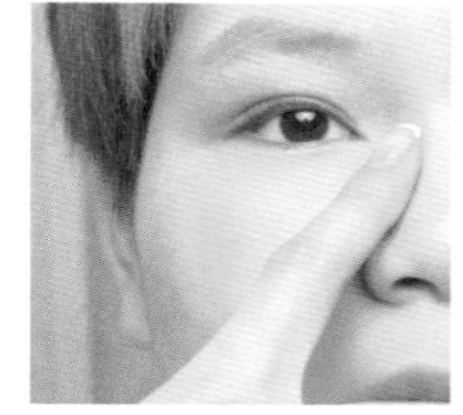

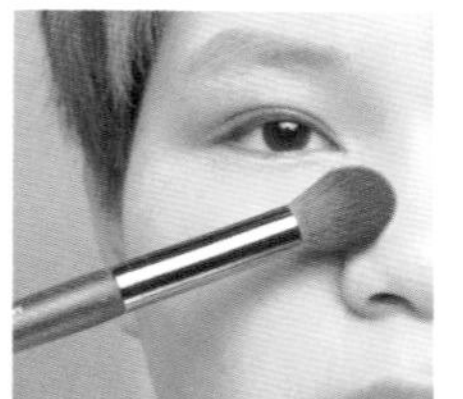

5 用指腹轻轻按压，使阴影过渡得更自然

6 用蜜粉将修饰过的部位轻轻刷一下，让修饰的效果更自然

小P老师解答

小娟你别气馁，你看到的这些漂亮女生也是一点一点修炼出来的。首先你要知道自己面部和身材的优缺点在哪里，只有了解了自己，才能做出最适合自己的造型，造型的魔法就在于利用这些单品将你的优点放大，弥补你的缺点。你的脸并不是很胖，为什么大家会叫你“小包子”呢？主要是因为大部分的亚洲女生五官都比较扁平，没有明显的眉骨、鼻梁和下巴的线条，所以你给人的第一印象就是脸比较圆。想要改善这种状况，营造出有立体感的面容，就要从鼻梁下手啦！有立体感的鼻梁会把眼睛衬托得更明亮，也会给人留下比较深的第一印象！为什么鼻子能起到这么重要的作用呢？因为它在脸的中央，影响着别人看到你的第一印象，过细的鼻梁会让你看上去很刻薄，而鼻翼过宽会给人一种憨实、呆呆的感觉，刚刚好的完美鼻形会给人精致舒服的感觉。想要化出好看精致的鼻妆，先要了解鼻子的黄金比例哦！

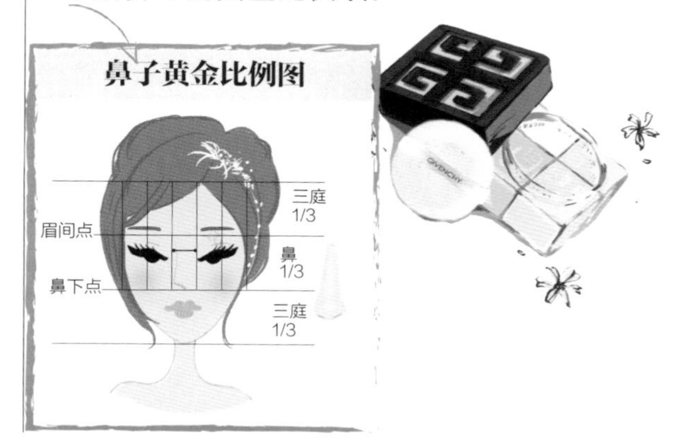

发型篇

变身心得：

大爱老师给我化的眼妆，眼睛看起来比以前大了很多，也很有神采，像娃娃一样可爱，每个人都在夸我洋气。我不会再因为像“小包子”而苦恼了，这种改变不仅是外表上的，我的内心也受到了很大的鼓舞，以后我每天都会自信满满的。

小P老师导言

不够立体的五官加上黑发很容易让你埋没在人群中，我建议你换个有特点的发色，并在发尾做出微微的弯度，打造出自然随意的发型，这样可以让你更有可爱女生的感觉。

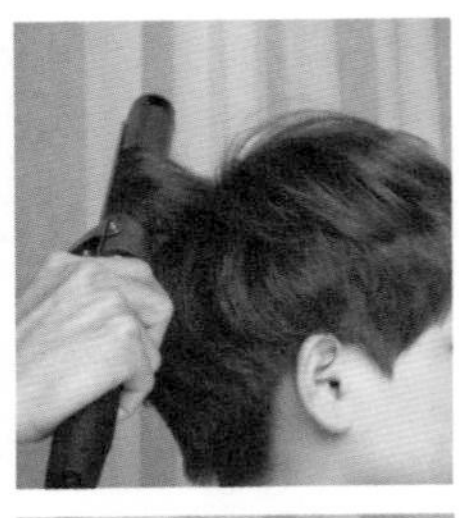

1 用卷棒将发尾卷出弧度

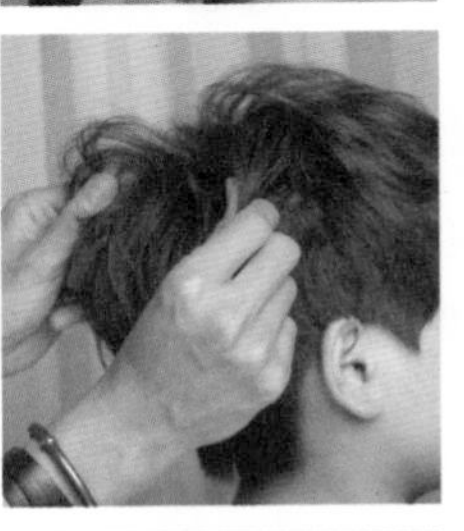

2 用发乳在发梢抓出线条感，发乳的用量不要太多

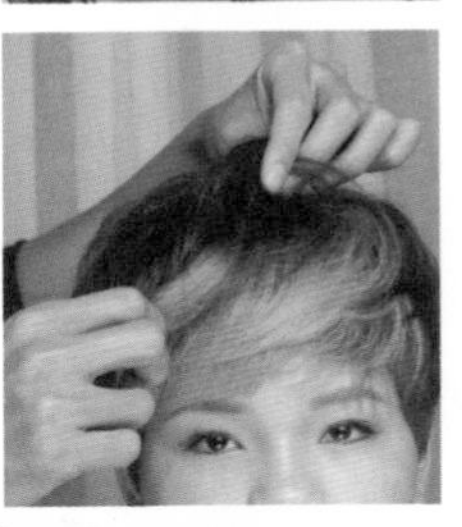

3 用残留的发乳在刘海处抓出自然的蓬松感

4 用手指将发根撑起，喷上定型液，营造出空气感

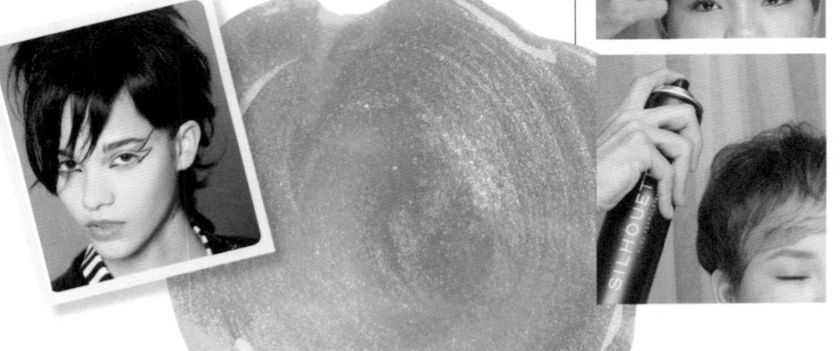

服装篇

Before

小P老师建议

一般来说，女生的身材分为“圆身”和“扁身”两种，主要是侧面的区别。扁身的女生从侧面看起来非常瘦，好像“纸片”一样薄薄一片，这样的身材就会显得很骨感，大部分超模都是扁身身材，在T台上什么风格的服装都能驾驭。但是在生活中，扁身身材的人缺少曲线感，可以利用一些带有膨胀感的设计元素（比如荷叶边、百褶、抽皱等）来增加女人味。圆身身材的女生不管是从正面还是从侧面来看都是圆圆的，通常圆身身材的女生的胸部和臀部都比较肉，一穿错衣服就非常容易显胖。圆身身材的人最好选择一些具有垂坠感的服装来修饰身形。小娟是标准的圆身身材，所以在选衣服时应尽量避免太多的层次和烦琐的细节设计，尽量拉长身体的线条。尽可能地减少衣服上凸起的装饰是最重要的穿衣原则，还可以选择一些能露出锁骨、手腕和脚踝的单品来营造纤瘦的感觉。

“有下垂感的面料可以拉长身体的线条。”

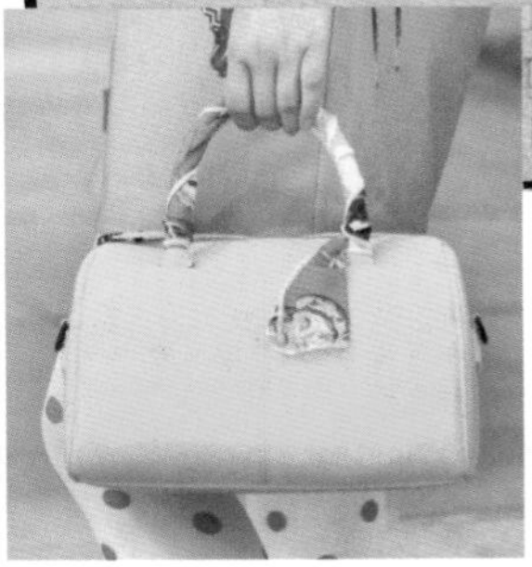

明黄色包包抢走一部分视线，弱化身体的圆润感觉

波点打底裤搭配白色高跟鞋，突显出可爱却不失女人味的个性

Beauty SOS

穿对印花，成为目光焦点

编辑助理娟娟困惑求助：

在朋友们的世界里，我永远都成不了焦点，因此我常常怀疑自己是透明的。我很羡慕那些有领导才能的女生，走到哪儿别人都听她的，我却没有这种自信。我的自卑来自于我的鼻子，我从小就对它不满意，太塌了。我曾经看过很多化妆教程，也曾按部就班地模仿鼻梁的化妆技巧。但是，无论我怎么化，都不能让鼻子变得立体，反而因为彩妆的修饰变得妆感很重，效果非常假！我真的快绝望了，小 P 老师，我应该怎么办呢？

妆容篇

注射过程

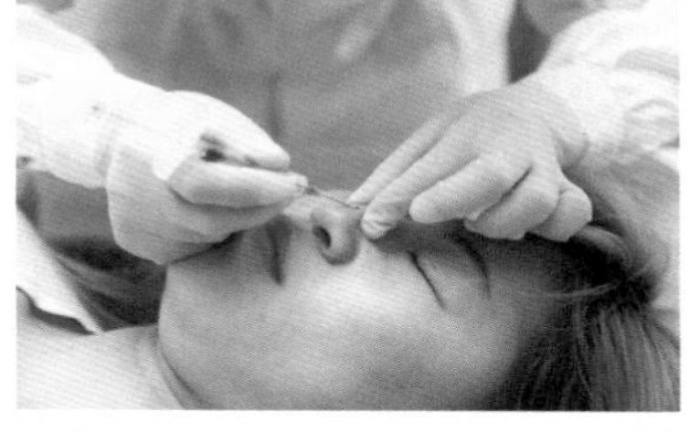

1

用中间色眼影从眼头到上眼皮中间做出渐变效果

2

将重色的眼影利落地涂抹在眼尾处

3

在眼尾的三角区域重点描绘眼影

4

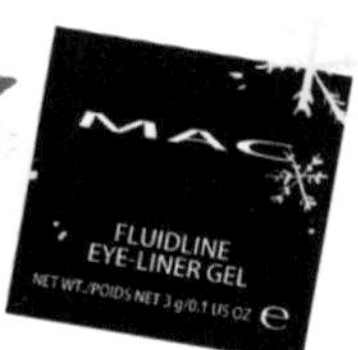

小P老师解答

鼻梁本身塌的女生，如果反复尝试了彩妆，效果都不理想，可以利用微整形注射的方法来实现高鼻梁的梦想。玻尿酸填充是当下非常流行和受推崇的方法之一，只要选择正规的机构和医生，安全度是比较高的。它利用注射的方法填充，立刻就能看到效果，而且手术时间很短，维持时间因人而异，通常在10～12个月。它的效果比假体填充更自然，恢复期几乎可以忽略哦！

5

描绘眼线，越往眼尾越粗，长度也比平时更长

6

描绘下眼影，从眼尾端涂到眼尾1/3处

7

夹卷睫毛

8

用睫毛膏涂抹睫毛

变身心得：

鼻子真的变挺了很多，好神奇！而且印花衣服和裙子也提高了我受瞩目的程度，我太满意老师给我做的造型了，心情好到不行。我会坚持让自己每天都美美的，相信我一定会变得更有魅力。

发型篇

小P老师导言

蓬松又有层次感的头发瞬间提升了整体的时尚度，把脸颊两边的头发梳起，露出足够多的面部肌肤，强调鼻梁的存在感，让整个面部都变得更加立体和精致了。

把头发横向分成三等份

2

第一层头发用电卷棒向内卷

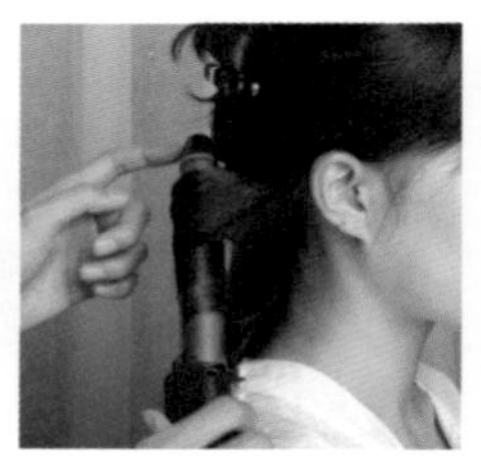

3

第二层头发向外卷，营造蓬松的效果

4

第三层的方向和第一层相同，卷好后用手指打散

5

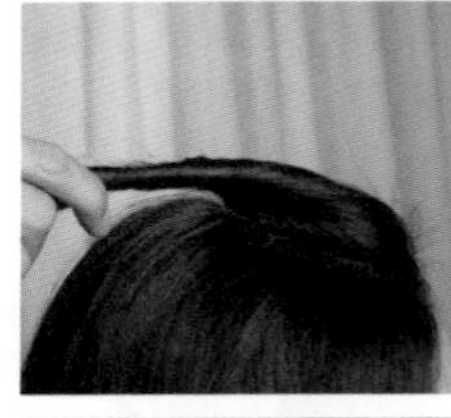

在头顶取适量发束，向右侧拧转

6

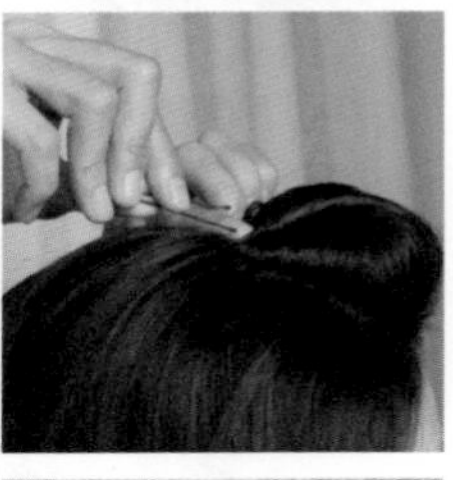

用发卡固定，同时向前轻推，营造小小的凸起

7

整理头发，然后进行喷雾定型

小P老师建议

想要告别“透明人”，在朋友圈中更有存在感，印花服装是很好的选择，你可以通过不同花色印花的相互搭配，营造出有存在感的造型。对于初次穿着印花服装的女生来说，如果搭配不好，会显得非常土气。你可以先从全身10%的比例开始尝试，只在鞋子、包包、领口或是裤脚选择有印花的款式，然后慢慢过渡到有一件单品是印花，最后再到全身是印花。这种搭配方法能瞬间提升时尚度，和谐又抢眼。

“虽然是不同花色的印花，但因为是相同的色调，整体乱中有序，很有层次感。”

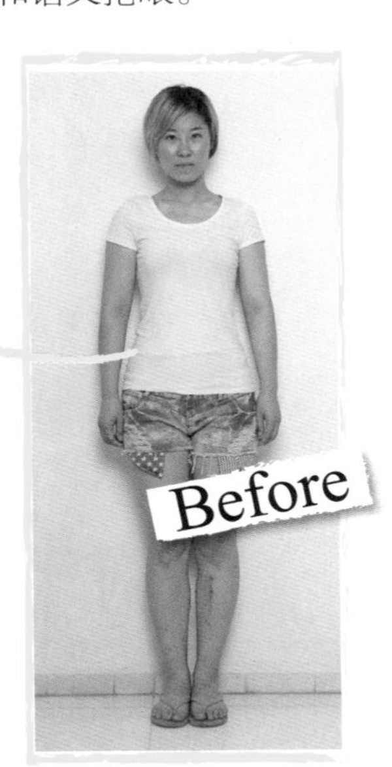

夸张的项链衬托面部五官

编织元素的凉鞋和印花风格统一，强调存在感

同色系的手包与服装协调

Before
告别学生妹，
做气场女神

Beauty SOS

大学生可心困惑求助：

小P老师，我是一名刚刚毕业的大学生，以前在学校怎么舒服怎么穿，现在才知道打扮有这么多学问。我想知道什么样的装扮适合我们这种大学毕业刚刚走进社会的年轻人，不要太正式也不想太幼稚，最主要的是不能太贵哦，因为我现在还没开始工作。

小P老师解答

对于一个刚进入社会的新鲜人来说，整体造型的重点是要摆脱学生的青涩感，但是又不能失去纯真的气质。其实，最高明的化妆术就是你明明花了很多技巧来修饰，但别人丝毫看不出你在哪里做了手脚，只是觉得你好美，好像你天生就长得那么完美，这才是成功的妆容。想要摆脱学生气的稚嫩，唇妆是至关重要的。

1 在唇部涂抹润唇膏，防止干燥

2 用唇部遮瑕产品遮盖唇色

3 用亚光唇膏在下唇中央涂抹

4 描绘唇峰的轮廓

5 按照唇部的形状，把空白的地方连接起来

发型篇

小P老师导言

对于刚刚毕业的学生来说，简单又精致的发型最适合你了，利用发丝的律动感使整体造型更显年轻。看上去很随意却暗藏心机的发型，简单之余又能调整脸形，这种不用花钱的技巧你一定要学起来。将披散的头发收上去，会让你瞬间摆脱学生妹的稚气感觉，好像时装周街拍女明星一样充满气场。

1 从头顶将头发分为耳前、耳后两个区域

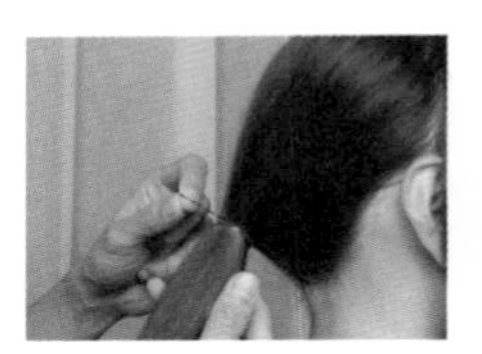

2 将耳后的发束扎成一个马尾

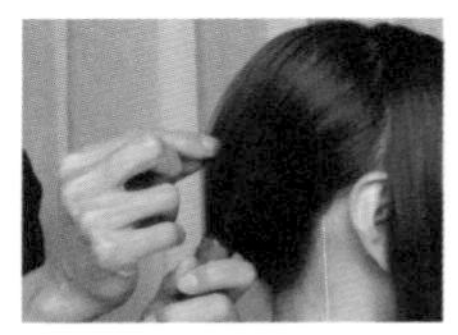

3 拉松后脑勺的头发，营造丰盈效果

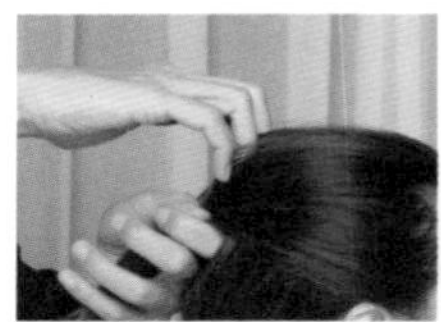

4 用手指代替梳子，将耳前的头发向后梳

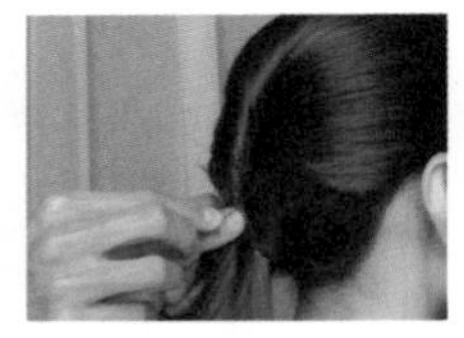

5 拧转头发，并用发卡将发束固定

6 整体喷上定型喷雾

金属感包包强调欧美明星般的感觉

墨镜夸张的镂空设计让回头率瞬间提高

金属感项链强调欧美明星般的感觉

流线型金色点缀让高跟鞋更别致

小P老师建议

A 字形的阔腿裤给人都会的感觉，但又不会像直筒裤那样正式，对于年轻一族来说，这是个从休闲风格过渡到正式着装的不错选择，还能修饰腿部的小缺陷。个子比较娇小的女生，可以搭配一双和裤子相似色系的厚底高跟鞋，增高的同时还能拉长腿部线条。这些时尚单品的搭配方式，你也可以在媲美网的《FASHION SHOW》节目里学到，那里有让你不会瞎花钱的时尚资讯。

TONYMOLY
Floria
NUTRA-ENERGY
100 HOURS CREAM
100시간 지속 보습
1.56FL.OZ. 45 ml
100小时持续保湿认证
品牌店
首次上市

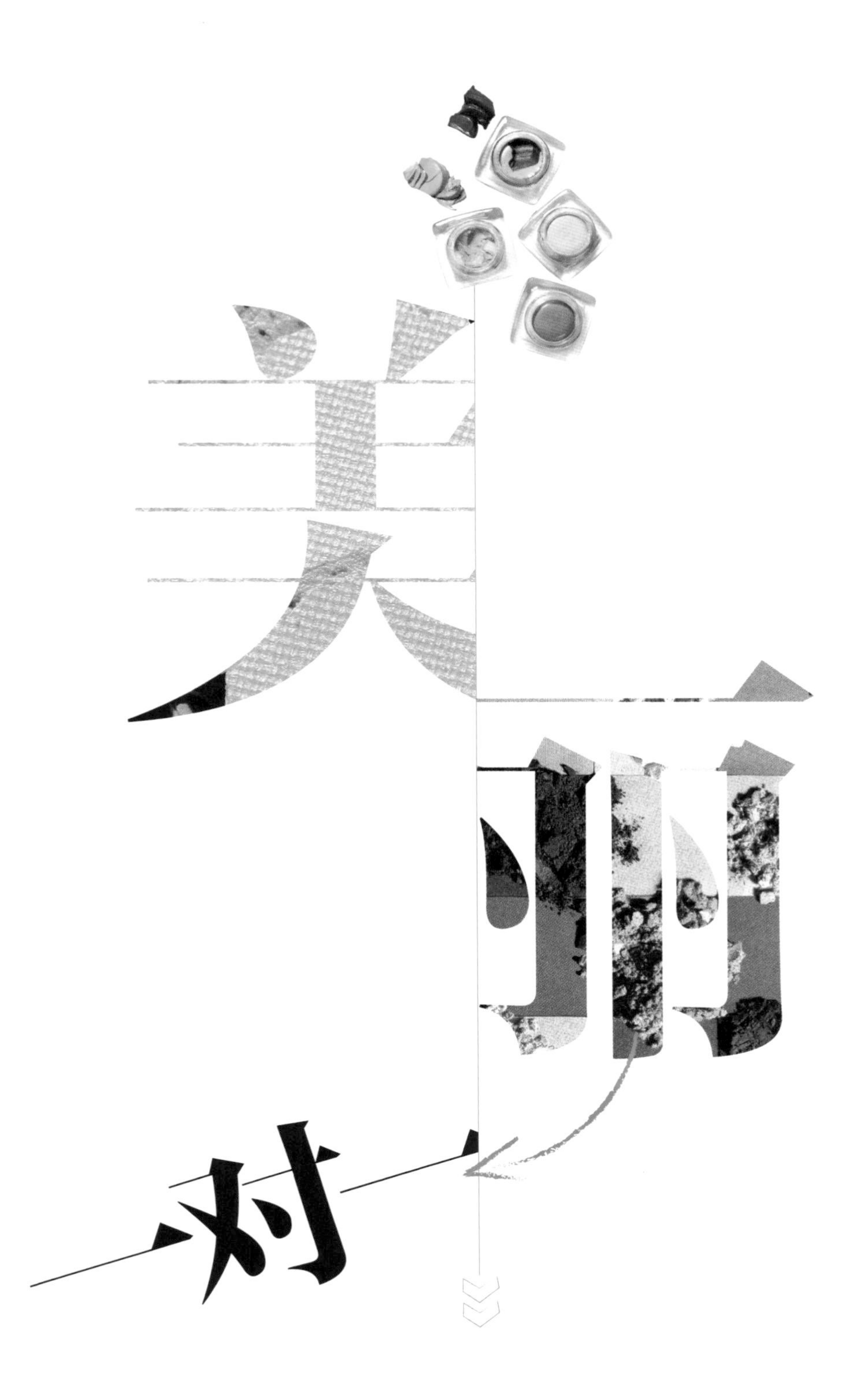
美妆
一对一

就是爱面膜

面膜是肌肤必不可少的保养品，尤其是对在电脑前工作的白领和常常熬夜的女生来说，敷面膜更是护肤时不可缺少的一部分，就连明星们也经常在微博上晒出自己敷面膜的照片。面膜究竟有什么样的神奇魔力呢？面对市面上种类繁多的面膜，我们该如何选择？其实，挑选面膜也是有讲究的，只有全面了解面膜的种类和功效，找到最适合自己的面膜，它才能发挥出最大的功效，美丽自然事半功倍。

1

织布面膜

顾名思义，织布面膜是用蚕丝或者人造纤维织成与面部相同的轮廓，然后用高浓度的营养精华液浸透，可以直接敷在脸上使用。因为有独特的纤维科技和单片包装的优势，它可以提供更新鲜、更多的精华成分，让肌肤在短时间内大量吸收营养成分。织布面膜使用方便，易于携带，是旅行时的好伙伴。根据精华液的成分不同，它可以发挥各种功效。

关于织布面膜，你需要知道

在挑选织布面膜时，要尽量选择裁切刀数多的面膜。一般的织布面膜的裁切刀数是 8 刀，最好的织布面膜可达到 12 刀。面膜裁刀合理，敷在脸上才会平整，这样眼角、鼻翼、嘴角等这些细微的地方才能都照顾周到，确保营养成分完完全全地被肌肤吸收。一般的织布面膜会感觉厚实，面膜越厚，触感越细腻，能吸收足量的保湿精华，能给予肌肤的精华也就越多。过薄的面膜，密封性及服帖度都不够，无法紧密贴合肌肤，很容易干掉，同时也容易有精华液滴落的问题，吸收效果会打折扣。在敷完面膜后，应用手指轻轻按摩肌肤，直至精华完全被吸收，然后根据提示直接涂抹后续保养品或者用清水冲掉。

第一次约会时，人们总是戴上厚厚的面具，一层又一层的隔离霜、粉底液把那个真实的自己掩藏得严严实实。进入恋爱阶段，人们开始显露原本的“面目”，也许是粗糙暗沉，也许有斑点痘痘，将完美的形象逐渐破坏。想成为他心中的素颜女神吗？丹姿悦植粹的玫瑰透亮弹力面膜是能帮助你的头号“好闺密”：清透亲肤的天丝材质、细腻丝滑的纯植物萃取精华，带你扔掉厚重的妆容面具，唤醒每一寸如婴儿般的吹弹可破的肌肤。

随着人们工作、生活步伐的加快，已经有很多爱美人士加入“懒美人”的行列了。每天和各类电子产品打交道，上班时与电脑面对面，下班后手机从不离手，长时间的辐射让面部肌肤感觉倦怠，于是它发出抗议，日渐呈现出衰老、暗淡等问题，以报复不爱护它的你。让丹姿悦植粹玫瑰透亮弹力面膜给肌肤来次深层滋润吧！天然玫瑰精粹、植物黏蛋白、维生素 B_3 等滋养成分，能帮助肌肤表层形成保护膜，有效锁住水分，令肌肤水润弹滑。细腻的精华液更能持久地帮助肌肤吸收丰富的营养成分，摘掉面膜后可以配合按摩，让每一滴精华液渗入肌肤深层，重现诱人光彩。快和“好闺密”丹姿悦植粹玫瑰面膜一起与干燥、暗沉的肌肤 say bye bye 吧！

2

水洗面膜

在清除面膜时，需要用水来冲洗掉的面膜，就是水洗面膜。它优越的服帖度是其他种类的面膜无法达到的，因为涂抹的面积和形状都可以随意变化，所以它不仅可以全脸使用，还可以用于局部，加强某个部位的保养。水洗面膜根据质地可以分为泥状面膜、颗粒状面膜和霜状面膜。泥状面膜的主要成分是高岭土、绿陶土、死海泥、温泉泥及各种豆类研磨成的粉末等，清洁和收缩毛孔的效果比较好，适合所有肌肤类型；颗粒状面膜可以在揉搓中去除角质，它和泥状面膜同属于清洁型面膜；霜状面膜属于保养型面膜，有补水、舒缓、紧致、美白、抗老等多种功效。

关于水洗面膜，你需要知道

清洁类的面膜并不是涂抹的时间越久，清洁效果越好哦！一般而言，在湿热的春夏季节，使用时间要控制在15分钟以内；在干燥的秋冬季节，10分钟以内就要洗掉，否则干掉的面膜反而会带走肌肤的水分，引发肌肤的干燥和敏感。在使用的频率上也有讲究，一定不能每天使用，即使你身处污染严重的环境，每周使用1～2次也足够了。保养类的面膜在使用时也要遵守产品标示的时间，太长的使用时间不仅不会让肌肤吸收更多的营养，反而会因为长时间不透气给肌肤造成不必要的负担。

洗掉面膜后涂抹能深层滋润的护肤品，会让保养效果加倍。托尼魅力美白胶囊已经成为韩国顶级明星美白单品，它富含三色颗粒，包括使暗沉肌肤恢复亮彩的珍珠粉、吸收迅速同时去除暗黄肤色的维生素C和补水保湿的顶级助手北极冰山水。三大护肤元素强强联手，低刺激的同时更有效地锁住水分，赶走坏肤色。快加入明星行列，和我一起试试护肤神品——托尼魅力美白胶囊吧！

3 撕拉面膜

撕拉面膜一般是胶状的，敷在脸上待面膜与肌肤充分接触粘合后，将面膜撕离肌肤，依靠其吸附能力将肌肤上的黑头、老化角质以及油脂等通通剥离下来，具有很强的清洁作用。但这样的撕拉容易使毛孔变粗，还会造成皮肤松弛，所以要谨慎使用。

关于撕拉面膜，你需要知道

撕拉面膜的超强清洁力可以带来瞬间焕肤效果，颇受大龄女性的青睐。它比较适合皮肤较厚、毛孔粗大、油性皮肤、混合型皮肤及T字部位容易出油的女生，使用时要避开眼周及眉毛，撕后需配合使用其他具有收敛和保湿作用的护肤品。关于撕拉面膜，争议向来比较多，因为撕拉的动作本身就会对肌肤造成损伤，所以如果没有必要，尽量不要使用。如果你非常享受撕拉的快感，建议不要太过频繁地使用，每个月使用1～2次已是极限。

4 免洗面膜

免洗面膜也叫睡眠面膜，通常在夜晚使用，因为夜晚是肌肤更新、修复、合成胶原蛋白的最佳时间，当我们进入睡眠状态时，肌肤是最活跃的，可以得到双倍的护肤功效。睡眠面膜因其免洗的特质，可整夜深层滋润肌肤，让肌肤时刻保持水润，防止水分流失，还能舒缓紧张了一整天的肌肤。

关于免洗面膜，你需要知道

因为免洗面膜本身的油脂及活性成分较少，营养成分不是很多，所以在涂抹前最好用精华素打底。对于非常需要营养的肌肤，也可以在使用了一系列保养品之后，再使用睡眠面膜来封住所有营养，以便更好地吸收。在涂抹了睡眠面膜 20 分钟后，原则上肌肤已经完全吸收了营养，所以可以用化妆棉擦掉多余的面膜，以免在夜间睡眠时弄脏被褥。睡眠面膜通常比较温和，可以每天使用。

按面部区域区分

不同区域的肌肤肤质不同，所以要分区护理哦！娇嫩的眼部和唇部肌肤一定要特殊对待，不同区域的肌肤出现问题时，对症下药才能彻底解决肌肤的困扰。

1

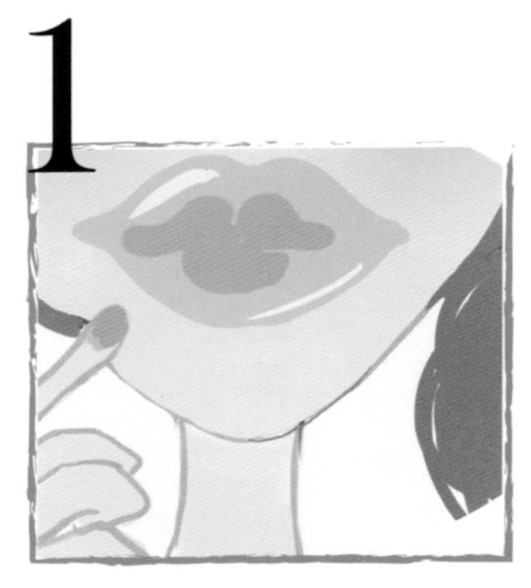

唇膜

唇膜有去除老化角质、滋润保湿、淡化色素沉淀的作用。在购买时，纯植物成分的唇膜是首选，因为靠近口腔，所以不能含有香精、色素、防腐剂等对人身体有害的成分。唇部是脸上较敏感脆弱的部位之一，干燥和老化的问题最容易在此显现，如果突然翘皮，一定不可以直接撕拉哦，可以用毛巾热敷一分钟，并涂上厚厚的凡士林润唇膏，第二天就能看到明显的效果。

2
颈膜

颈部的肌肤细薄而脆弱，在人体学上，这里是一个“多事三角区”，因为颈部前方肌肤的皮脂腺和汗腺数量只有面部的1/3，如果不好好保护，会非常容易衰老，从而暴露你的年龄，所以25岁以上的女生必备颈膜。在使用颈膜前，先用毛巾热敷，令毛孔张开，然后配合按摩让效果加倍。

3
鼻膜

鼻子是面部T区皮脂分泌最旺盛的部位，同时也是最容易残留污垢、黑头的地带，针对这一特征，鼻膜能起到快速清洁并迅速收缩毛孔的功效。市面上的鼻膜种类非常多，撕拉式鼻膜适合角质较厚、肌肤本身较健康的人使用，敏感肌肤会因为拉扯而受损，导致毛孔增大；乳霜质地的鼻膜适合黑头不明显、敏感的肌肤使用；泥膏质地的鼻膜适合的范围最广，几乎适合各种肤质类型，它天然的泥质成分不仅能粘附黑头，去除多余油脂，温和的性质也不会让毛孔变大。

4

眼膜

眼膜能在短时间内起到补水、消肿、去黑眼圈等一系列作用，由于眼周的肌肤比较细腻脆弱，所以眼膜的使用更为重要。清洁的眼周肌肤是敷眼膜的前提，在使用时配合专业的按摩手法可以起到更好的效果。如果你因为熬夜或者压力而眼部水肿，那么将眼膜冷藏后再使用会有消肿的功效。虽然眼膜营养又实用，但是眼部和面部一样，如果营养摄取过多，就容易形成脂肪粒，所以不可以每天使用，原则上每周 2～3 次即可。

5

手膜

手被称为女生的第二张脸，使用的频率也非常高，所以定期使用手膜也很重要哦！手膜含有天然的植物精华和丰富的生物活性细胞，能起到去除老化角质和增加肌肤弹性的作用，可以快速改善粗糙、加强保湿、隐退干纹。除了定期使用手膜，生活中我们还可以通过避免使用碱性肥皂、常备护手霜、定期去角质来达到保养手部的目的。

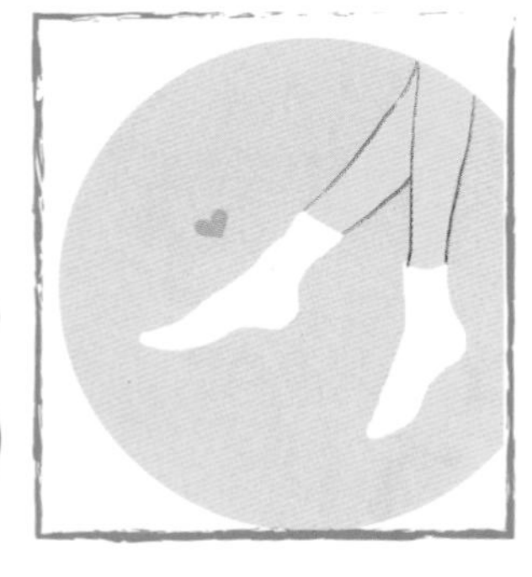

6

足膜

足部虽然不会像手部一样易受外界环境因素的影响，但由于经常走路，足部也会因堆积老厚角质而变得粗糙。想要让足部变得娇嫩，去除角质自然是重中之重，足膜的优点就在于它方便安全，在免除搓刮的情况下也能让老厚角质和脚茧自动脱落。

痘痘肌大作战

说起令人讨厌的肌肤问题，痘痘绝对可以算得上最不让人省心的问题了。不管是天生就容易长痘的肌肤，还是由于后天饮食、作息不规律造成的痘痘肌，又或者是错误的护理方式形成的激素痘，痘痘总是会反复出现，不仅影响心情，严重的还会给就业、朋友交往等带来阻碍。想要彻底告别痘痘肌，就要制定一套周密的“作战方案”，了解最全面的防痘知识，让痘痘无所遁形。

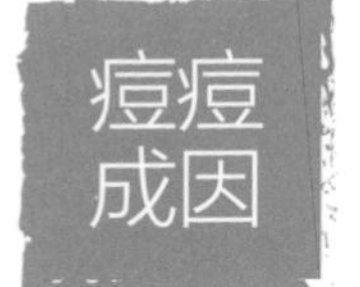

1

油脂旺盛

很多女生的痘痘肌是天生就有的，这是因为有的人天生皮脂腺就很发达，或者天生是油性肌肤，这就会导致面部油脂分泌过多，肌肤水油失衡。长期处于此种状态的肌肤油脂无法正常排出，当与细菌或空气污染物相遇后，就会因感染而产生痘痘。当然，造成油脂分泌旺盛的原因还有内分泌失调引起的雄性激素升高、年龄和气候温度等。

2

生理期

生理期痘痘爆发是长期困扰许多女生的问题。女生们在生理期前的一段时间内，因为雌激素水平较高，皮脂腺活性会相应增强，打乱原本平衡的雄、雌性激素的分泌，导致内分泌紊乱。简单地说就是内分泌失常，皮肤变得粗糙，油脂分泌变多，容易产生青春痘。

3

过敏

使用劣质、变质、刺激性较强或者含有激素的化妆品都会造成肌肤过敏，进而产生痘痘。最常见的是酒精过敏，含有酒精成分的收敛水等会对肌肤产生一定的刺激，因此在使用前需要做个防敏测试。微小的花粉颗粒、一些灰尘中的微生物都是常见的过敏原，这些过敏原都是造成痘痘滋生的凶手。不妨让托尼魅力的加强版 24K 金蜗牛营养修护霜在你和痘痘的大作战中帮你一把，它是一款蕴含纯金成分、蜗牛黏液及人参成分的高保湿营养修护霜，能够有效、稳定地刺激肌肤，补充肌肤活力，加速细胞再生；24K 黄金的抗氧化成分更能排出肌肤毒素，让肤质重归白皙水嫩。

痘痘发展的五个阶段

阶段1：闭合性粉刺

好像小米粒一样隐藏在肌肤表皮中，或者虽然凸起不明显，但用手触碰有痛感，这样的痘痘叫作闭合性粉刺。

因为日晒过度或者压力大形成的闭合性粉刺，在选择护肤品时，建议使用质地温和、轻盈的产品，例如啫喱或凝露，清爽补水的质地能帮助肌肤保持水油平衡。有痘痘生长史的女生也可以选择含有祛痘成分和抗炎成分的护肤品。如果想要去角质，可以使用含有纯天然植物颗粒的产品，这样就不会刺激肌肤啦！合理的日常保养能促进闭合性粉刺愈合，也有利于肌肤的长期健康。

阶段2：初期痘

1. 一般初期要用些消炎杀菌的药物，比如水杨酸软膏。
2. 初期的小痘痘用含有酒精的化妆水为其消毒，再点上祛痘精华，痘痘很快就会消失得无影无踪。
3. 人的皮脂腺分泌油脂，可能是因为肌肤缺水，所以要使用保湿的护肤品。避免睡前使用营养霜等，让肌肤在夜间得到放松，充分呼吸。
4. 避免使用油性或粉质化妆品，尤忌浓妆。外出回家后应彻底清洁脸部。
5. 饮食上少吃高脂、高糖、辛辣、油煎的食品，少喝白酒、咖啡等刺激性饮料，多吃蔬菜、水果，多饮开水。

阶段3：红肿痘

1. 痘痘红肿是由致痘菌感染引起的，此时的肌肤很脆弱，要避免使用含有防腐剂等化学成分的产品，这会刺激肌肤，加快致痘菌的生长蔓延，还会导致毛孔堵塞，让情况越来越严重。

2. 选用既能改善红肿又能补充水分的祛痘产品，例如使用含有珍珠、芦荟、绿豆成分的面膜，都能有效为痘痘消炎，镇定肌肤。

3. 如果是油性肌肤，可以用茶树精油或薰衣草精油，将其滴于化妆棉上，敷在痘痘上直至吸收，有较好的杀菌祛痘功效。

阶段4：成熟痘

在这个阶段，很多女生照镜子时会手痒，忍不住动手挤痘痘。这样做是非常危险的，指甲里的细菌很容易造成细菌感染，使痘痘的状况恶化，而且容易留下伤疤，红肿的成熟痘痘要先消炎，再做挤压。正确的做法是先做好消炎处理，再用消过毒的针捅破痘痘，然后将痘痘压出。这个方法虽然看起来很简单，但实际操作时会有一定的难度，如果你的技术不够纯熟，还是建议到医院接受专业的治疗。

阶段5：痘印

好不容易祛除了痘痘，但留下的讨厌痘印怎么也去不掉。痘痘分阶段，痘印也有区别。根据不同的痘印对症下药，才能让你的肌肤更干净透亮，青春不留痕。

1. 黑色痘印

黑色痘印是痘痘发炎、色素沉淀导致的痘印，会随着时间慢慢自行消失，这是一种暂时性的假性疤痕。

建议：选择一款美白淡斑精华，点在痘印处，轻轻按摩，使精华深入皮层，淡化黑色素。定期去角质，去除老化死皮，疏通毛孔的同时提高肌肤自我修复能力，促进肌肤新陈代谢。注重防晒和补水，提高肌肤保水度，以防止黑色素沉淀，加速痘印消退。

2. 红色痘印

红色痘印是长痘痘的肌肤细胞发炎引起了血管扩张，虽然痘痘消退了，但是血管并不会马上缩下去，就形成了一块平平红红的暂时性红斑。

建议：红色痘印在出汗或者被阳光照射后会很明显，所以平时一定要注意防晒和晒后的修复。可以选择含有矿物、洋甘菊成分的抗敏化妆水。浸透化妆棉后敷在红红的痘印处，补水镇定，缓解红肿情况，避免进一步刺激原本泛红的肌肤。有红色痘印期间不建议使用美白或者去角质的产品。

3. 凹洞痘印

凹洞疤痕是最常见的痘印，此时真皮层已经受到了永久性伤害，所以留下了凹洞痘印。

建议：必须改掉挤痘痘的坏习惯，不正确地挤痘痘很容易让痘痘的情况恶化，留下疤痕，凹洞痘印是非常顽固的，一旦产生就不会自动消失。可以尝试使用高浓度的果酸进行肌肤角质的剥离，促使老化的角质层脱落，加速角质细胞及少部分上层表皮细胞的更新，同时改善毛孔粗大。但使用要适可而止，并且严格防晒，因为肌肤角质被强行剥落后露出的娇嫩肌肤被阳光照射，会受到严重损伤。

小P老师为你制订

24小时清痘计划

虽然你没有办法让已经长出的痘痘在一天内就消失，但是你可以在痘痘生长的第一天就开始采取紧急措施，快点跟随我的“24小时清痘计划”，全面抑制痘痘的爆发吧！

8:00

早晨起床最糟糕的事情无疑是发现自己脸上有明显的红肿，定睛一看，是一颗即将冒出的痘痘，于是消除痘痘的作战计划就此开始了。

8:30

长了痘痘更不能疏于护理，调整肌肤的水油平衡是关键，加强清洁工作的同时注重保湿。把磨砂类洁面产品替换成温和的控油祛痘洁面乳，它有消炎镇定、抑制油脂分泌、疏通毛孔的作用。用化妆棉敷上消炎化妆水或者茶树精油，然后再涂抹上专用止痘凝胶，在抑制痘痘的同时消除红肿现象。

9:00

痘痘期皮脂腺发达，油脂分泌旺盛，细菌堵塞于毛孔中，滋润度高的护肤品会加重油脂分泌，让痘痘负担更重，应该换成清润的保湿型产品。托尼魅力补水保湿面霜已经做好准备为你解决各种肌肤干渴的问题了。它不含一滴精油，蕴含70%阿拉斯加冰河水，赋予疲劳肌肤清爽感及长效的补水保湿，不仅可以稳定肌肤，还能达到清凉冰爽的补水保湿效果。而防晒绝不能因黏腻而放弃，因为紫外线的照射只会让痘痘更严重。

9:30

上班路上多为自己制造运动的机会，因为运动有助于加速新陈代谢，从而抑制痘痘。

10:00

在开始一天的工作之前，让绿豆薏仁粥来替代往日丰盛的早餐吧，它不仅清淡，还能对由火气旺盛和油脂分泌过多造成的痘痘有所帮助。

11:00

此时一杯温开水，补充身体所需水分，同时能有效排除体内毒素和虚火，对痘痘有很好的抑制作用。

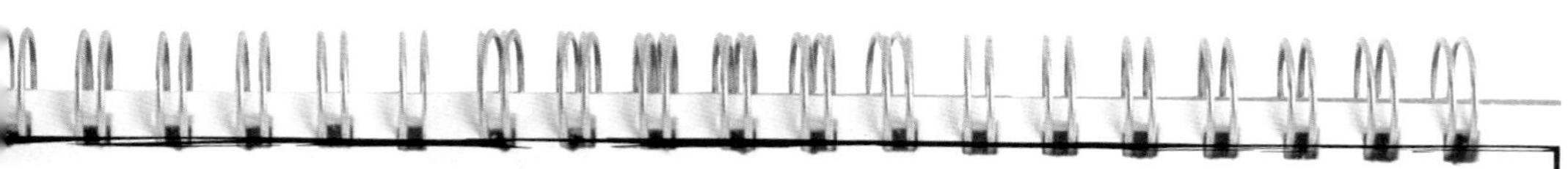

12:30

虽然到了午餐时间，但你必须为了痘痘放弃那些美味的油腻辛辣食物，这些性热类的食物会加重由内火引起的痘痘。富含维生素 B_2 的茎叶蔬菜类食物能维持人体激素平衡并促进代谢，含锌的蛋类则能有效控制皮脂分泌。

14:30

下午的工作开始了，如果你习惯了喝咖啡，那就将损害肌肤的咖啡换成鲜榨果汁吧

16:00

下午茶时间请远离甜食，因为脂肪、糖类等高能量的食物进入体内后，会改变表面脂类成分或加剧皮脂的产生，而痘痘本身就是由油脂分泌过旺、皮脂郁积所致，所以高热量的甜品只会加重你的痘痘。

17:30

下班时间马上要到了，就算是在室内，脸上的防晒霜也已经被分泌的油脂吸收，所以在下班前补涂一遍防晒霜是有必要的。

18:30

回到家之后，首要任务就是卸妆，无论是彩妆品还是隔离防晒，再轻薄也必须清洁彻底，以防给细菌可乘之机，对于痘痘肌则更要严加注意。

19:00

彻底清洁一番之后，观察一下痘痘的情况，如果冒出小脓包，切记不要挤，涂抹护肤品时也应轻轻擦拭。

19:30

晚饭就清淡地解决吧，既可以瘦身，又对痘痘有所帮助。

20:00

敷一张面膜以加速消除痘痘，含有水杨酸或是绿茶精油的面膜既可以舒缓消炎，还能抑制油脂分泌。

22:00

熬夜会让油脂分泌旺盛，加重痘痘，早睡对痘痘有好处，一天就这样结束了，保持好心情入睡，或许第二天醒来痘痘就会好多了哦！

堪比PS的眼睛放大术

在网络上，很多女生都曾向我表达过“想拥有一双大眼睛”的愿望，圆圆的眼睛不仅能让你看起来亲和力十足，而且能让你的脸形显得更娇小。如果说体形可以通过后天运动来塑造，那么眼形的不完美也可以通过彩妆来弥补，秒变迷人大眼！快跟我一起来见证这个堪比 PS 的眼睛放大术吧！

标准的眼睛轮廓

不同眼形的美妆变身术

单眼皮的人眼皮无褶皱，并且由于上眼皮的压制，双眼显得肿小，眼神不及双眼皮的人深邃，小眼睛也成了不争的事实。

打造双眼皮：

1. 将双眼皮贴贴在眼皮上，由眼头往眼尾贴，用小叉子轻轻按压固定。
2. 用双眼皮线打造双眼皮。
3. 用双眼皮胶打造双眼皮。

打造眼妆：

1. 在睫毛根部用深色眼影呈线状描画，在明亮色与深色之间，用眼影棒将两种颜色晕开。
2. 成功描画眼线的诀窍是眼线液+眼线笔！用眼线笔填满睫毛间隙后，粘贴佩戴假睫毛。
3. 在下眼睑处纵向涂抹白色眼影，具有提亮眼部的效果，可令双眸神采奕奕。
4. 将柔粉色眼影淡淡地涂抹在整个眼皮上，然后轻轻地夹翘睫毛。
5. 先整体贴上假睫毛，再在眼尾粘贴专用假睫毛，注意贴得向外一些。
6. 用眼线液勾勒眼睛的轮廓，可以遮盖假睫毛胶水残留的白色痕迹。
7. 从睫毛根部开始涂抹卷翘型假睫毛，使假睫毛与本身的睫毛融合。
8. 垂直使用睫毛刷，眼角处重叠涂抹，打造更加浓密的睫毛效果。

2 吊眼

吊眼也称上扬眼，这种眼形的眼轴线向外上方的倾斜度过高，虽然眼尾被上拉，但是眼头下垂，反而显得眼睛小，同时很容易给人太过厉害、不好接近的错觉。

打造眼妆：

1. 在上眼皮眼窝处整体轻扫浅棕色眼影,增加眼睛的明亮感,放大双眼。
2. 将深棕色眼影涂在双眼皮褶皱部位，用手指晕开。
3. 在眼尾处往瞳孔下方的位置涂抹浅棕色眼影。
4. 从眼头到眼尾勾画下垂眼线。
5. 用睫毛膏将上睫毛刷出浓密感。
6. 用睫毛膏竖着把下睫毛刷出根根分明的效果。
7. 将假睫毛剪成一束束的，粘贴在下睫毛处。

3 杏仁眼

杏仁眼是最标准的眼形，眼睛又大又圆，眼角微微上翘。拥有杏仁眼的女孩通常都很俏丽，比如大家熟知的大美人范冰冰就是典型的杏仁眼。利用细猫眼眼线横向拉长眼睛的长度，描画得比自己的眼睛稍稍长出一些，眼线让眼睛无形中变得更深邃。横向、纵向都描画到理想的幅度。上扬的眼尾眼线不仅能突显强大气场，还能增添一份帅气感觉！

打造眼妆：

1. 沿眼部轮廓描画眼线，眼尾部分勾勒上扬眼线，勾画时用手指轻轻将眼皮提拉。
2. 从眼尾眼线的最顶端反方向勾勒至眼尾，这时也需要轻轻提拉眼皮。
3. 可以在眼线上方涂抹一些眼影，将眼影晕染至与眼线自然融合。

4 泡泡眼

有的女生天生脂肪较多，或者因为睡眠不足、睡前喝水过多、眼部卸妆不够彻底等原因造成了泡泡眼。泡泡眼的女生眼睛看起来更小，眼神毫无光彩，给人不够聪明和迟钝的感觉。

对于天生的严重泡泡眼，可以通过彩妆来改善。

步骤 1: 用比肤色深一些的遮瑕膏在眼窝处打底。

步骤 2: 用咖啡色的亚光眼影从睫毛根部向眼窝处轻刷。

步骤 3: 在接近睫毛根部的位置画上眼线，针对眼皮浮肿，眼线也要比平时粗一点哦！

步骤 4: 用睫毛膏将睫毛刷出浓密感，在肿肿的眼部营造出阴影效果。

后天形成的泡泡眼可以通过去水肿按摩操来实现哦！

步骤 1: 双手点按攒竹穴，轻轻向外按揉，疏通足太阳膀胱经，有利于水肿消退。

步骤 2: 慢慢沿足太阳膀胱经向上按揉至眉冲穴，然后沿此线路四指反复推摩 2 ～ 3 遍。

步骤 3: 点按阳白穴，沿足少阳胆经向上按揉至头临泣穴，有利于减少色素沉着，反复按摩 2 ～ 3 遍。

步骤 4: 双手点按丝竹空穴，轻轻按揉，沿手少阳三焦经向外至耳门穴。沿此线路四指反复推摩 2 ～ 3 遍，利于消肿。

步骤 5: 双手点按瞳子髎穴，轻轻向外按揉，疏通足少阳胆经，有利于减少色素沉着。

懒妹子也想瘦

自从小S那句“要么瘦，要么死”的名言在网络上出现以后，很多女生都把减肥当作生活中的头等大事。有的女生非常勤奋地去运动和健身，以此来保持完美的身材；有的女生对自己比较苛刻，严格规定自己吃饭的时间和食量，也起到了很好的减肥效果。而有的女生呢，既不愿意运动，也不能停止对美食的热爱，所以一直瘦不下来，其实她们想瘦的愿望非常强烈。怎样才能不费力气地迅速瘦下来呢？

小 P 老师对轻度懒妹子说

轻度懒妹子通常有想要运动的愿望，却没有开始运动的决心。仰卧起坐、跑步、游泳这些耗时又耗力的运动就让它们一边待着去吧，我们需要的是在家中只需要短短几分钟和很小的场地就能完成的运动方式，既不会让你大汗淋漓，又有明显的瘦身效果。

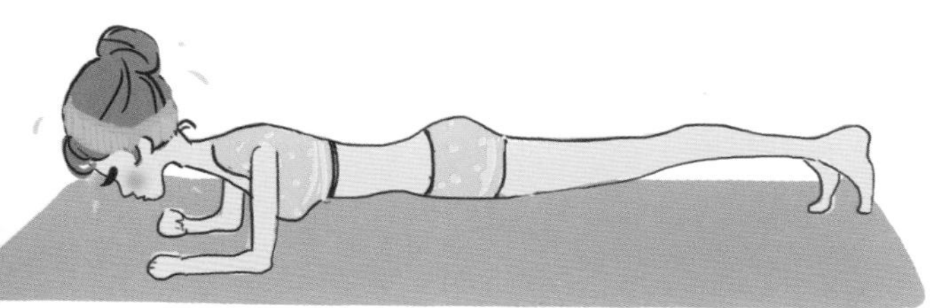

平板支撑

平板支撑是最近在网络上非常流行的一种健身方式，很多明星都是它的狂热爱好者，每天只需要坚持 1 ～ 3 分钟，平坦的小腹和迷人的马甲线就能很快显现出来。它可以在任何地方做，甚至是临睡前在床上也可以做。只要坚持，你就是那个人见人嫉妒的瘦子哦！

操作方法：

面对地面俯卧，肘部弯曲，身体挺直，仅小臂和脚尖支撑地面，1 分钟为一组，每天 1 ～ 3 组。

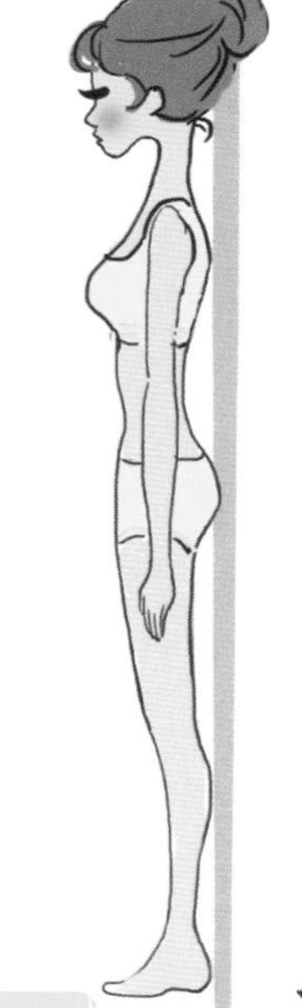

贴墙站立

站立每个人都会，但是，可以让你快速瘦身的站姿你知道吗？这可是国际名模们公认的“最具瘦身效果”的站姿训练方法，它不仅能塑造迷人的身材曲线，还能消除平时运动不到的大腿根部赘肉和小肚腩。如果你习惯久坐或者不爱运动，那么这个动作最适合你哦！

操作方法：

挺胸抬头，保持整个身体直立。

慢慢靠近平整的墙壁，并让头、肩膀、肘关节、臀部、膝盖后方、脚后跟贴紧墙壁。

在保持姿态不变的前提下，想象你的整条脊椎好像“爬山虎”一样紧紧地抓在墙壁上，脊椎与墙壁的缝隙越小，瘦身效果越好。此运动每天坚持 10 分钟即可。

小P老师说

这个动作虽然看起来很简单，但它需要你调动全身的力量来支撑身体，所以瘦身效果非常明显，偷偷告诉大家，我每天也在做哦！

国内很多知名的模特培训机构在利用这种方式来训练女生的姿态，同时达到瘦身的目的。如果你可以轻松地做到以上三点，那么可以适当增加难度，例如在头顶放上书籍，在身体努力保持平衡感的同时，瘦身效果也会更明显。

小 P 老师对重度懒妹子说

重度懒妹子们几乎都不喜欢运动，但她们的减肥热情丝毫不逊于常人。在什么都不做的前提下，想要瘦下来，平时吃饭时就要养成有助于瘦身的好习惯哦！

过五不食

由于夜间的新陈代谢速度会减慢，再加上从不运动，所以在晚上五点之后就要停止进食，这有助于给白天吃下去的食物充分的消化时间。如果饥饿难耐，苹果可以让你有饱腹感，还可以补充身体所需的维生素 C。

饭后不坐

饭后的 30 分钟左右小肠开始吸收，而血糖浓度上升也是在小肠吸收后的 30 分钟左右，所以如果不想迅速长脂肪，就在饭后 30 分钟动一动吧，哪怕是简单的站立也有一定的效果。

淀粉与肉类不同吃

由于淀粉中所含的糖分与肉类中所含的蛋白质同时存在能产生葡萄糖，而葡萄糖是致使人发胖的最主要成分，所以瘦身的人可以只吃一种，从而避免发胖。

少食多餐

标准的进食时间会使消化系统条件反射地进入最佳状态，在这种状态下，人不仅会因为强烈的饥饿感而进食过量，而且此时人体对营养成分的吸收能力也非常强。如果不按时进餐或者少食多餐，就会均匀燃烧脂肪，达到减重的效果。

远离碳酸饮料

一罐 375 毫升的罐装碳酸饮料所含的热量约为 147 卡路里，相当于正常人一天所需热量的 1/8 左右，如果每天喝一罐，那么体重超标的概率为 60%，所以碳酸饮料是瘦身路上的最大绊脚石。要想摆脱对饮料的依赖，可以用柠檬水代替。

越吃越瘦的食物排行榜 Top5

Top1：紫菜

紫菜蕴含丰富的纤维素及矿物质，有助于排出体内的废物及积聚的水分，达到瘦腿的功效。给自己做碗紫菜蛋花汤，既简单又美味，最重要的是还可以瘦身，何乐而不为呢?

Top2：苹果

苹果中的苹果酸成分可以加速代谢，减少下半身的脂肪，而且它含钙丰富，能有效减少盐分，防止水肿。

Top3：芹菜

芹菜中的水分含量为 95%，一棵芹菜含有 4~5 卡路里的热量，但人体消化掉它需要消耗双倍热量，所以它就是大名鼎鼎的“负卡路里食物”。

Top4：香蕉

香蕉虽然卡路里很高，但脂肪含量很低，而且含有丰富的钾，又饱肚又低脂，可减少脂肪在下身积聚，是减肥时候的理想食品。

Top5：西柚

西柚卡路里极低，多吃也不会变成胖妹。它含有丰富的钾，有助于减少下半身的脂肪和水分积聚。

牛仔无所不能，牛仔裤也美腿

牛仔裤的实用性自它诞生之日起就已无可置疑，每个女生的衣橱中都有几条款式各异又经典耐穿的牛仔裤。其实，牛仔裤的用处远不只实用这一点，它还有修饰身材等多重功能，一条合身的牛仔裤甚至能起到瞬间美腿的神奇效果。现在就跟我一起来挑选一条最适合自己的牛仔裤吧！

腿部烦恼：小腿过粗

有些女生的大腿纤细，但小腿过粗，腿部线条不协调，缺乏女性的柔美魅力，甚至小腿肌肉坚硬结实。要怎样选择一条适合自己的牛仔裤呢？

Yes

小腿过粗的女生可以选择阔脚裤。随性的阔腿裤裤形简单，宽松的裤脚能隐藏小粗腿，营造出纤瘦、帅气、随意的感觉。搭配一双精致的高跟鞋，巧妙地利用裤脚与高跟鞋的高度拉长腿部线条。

No

对于小腿粗壮的女生来说，过于紧身的或是裤腿窄小的牛仔裤是非常不可取的，它们的裤脚实在是太小啦，穿上去会轻易暴露你腿部的缺点。而且包粽子式的窄脚裤穿在身上，也会让你的小腿感到很不舒服。

小P老师说

小腿比较粗的女生还需要注意裤子的颜色，以稍深的颜色为宜，裤脚口最好不要有任何装饰，裤兜的样式也以简单些为佳。在搭配鞋子时，尽量不要选择球鞋或者平底鞋哦！

腿部烦恼：大腿粗
每个爱美的女生都有一个美腿梦，可往往事与愿违，如果你的大腿根部比较粗，那么在服装的选择上就要小心了，一旦不小心，就容易出错。
小P老师说
挽裤脚牛仔裤如果搭配高跟露趾凉鞋，那就更好了。在颜色方面，应多选择深色系，避免浅色的视觉膨胀感，浅色系的牛仔裤穿在身上会让腿看起来更粗。没有太多水洗处理和装饰的直筒裤+T恤+平底鞋是不错的搭配。
Yes
直筒裤很百搭，是衣橱里必备的扮靓利器之一。对于大腿粗的女生来说，直筒九分裤是个不错的选择，也可以尝试做一个挽裤脚的处理，把直筒长裤的裤脚向上折两下，不费吹灰之力，尽显时尚性感的腿部造型。
No
有弹性的牛仔裤对腿粗的人来说是需要避免的雷区，因为弹性牛仔裤会把肉绷得很紧，引来众人侧目。面对弹力牛仔裤与收口裤，我们要果断地 say no（说不）！

显得休闲帅气的直筒款型比较适合X型腿的女生，它能很好地隐藏不够理想的腿形，使腿部线条看上去笔直流畅。穿上直筒牛仔裤，显瘦之余简约而独特。除了直筒裤，X型腿的女生也可以尝试喇叭裤，小腿部位扩张的喇叭裤能修饰腿形，掩盖缺陷，让双腿看起来更修长。

腿部烦恼：X型腿

两只脚并立的时候，两侧膝关节碰在一起，两只脚的内踝无法靠拢的腿型就叫X型腿。这类腿型的女生在穿衣搭配方面有很多的限制。

小腿裤和紧身牛仔裤毫无疑问会将X型腿的缺陷完全暴露，让双腿时刻处于紧绷状态，坐立难安，既不美观时尚，也不能扬长避短。

小P老师说

做旧、水洗、磨破的特殊效果不仅能突出你性感奔放的个性，还能让人轻易忽略你的腿部缺陷。

腿部烦恼：O 型腿

双腿自然伸直或站立时，脚踝位置可以并直，两膝却不能靠拢，且余留的空隙类似 O 形，这种腿型就叫 O 型腿。

Yes

宽松直筒裤的垂直裤形能最大限度地拉直腿部的线条，同时利用宽松感让 O 型腿在视觉上呈现自然笔直的效果。

No

像小腿裤这类能突显腿部轮廓线条的裤型对 O 型腿的女生来说绝对是禁忌，这无疑会让腿形的缺点变得更加明显。

小P老师说

有的牛仔裤有明线或者竖条纹的装饰，在试穿的时候可以留心观察它的效果。适合你的牛仔裤会通过线条的走向修正 O 型腿，不合适你的装饰则会放大 O 型腿的缺陷，所以试穿时一定要留心这些易被忽视的小细节哦！

小P老师说

腿短的人在挑选裤型时应谨记“拉长不缩短”的原则，在细节方面应注意以贴身利落为主，繁复的装饰会加重下半身的视效感，在不知不觉中加强腿短的效果，而裤子中间的水洗磨白效果或是脚踝处的侧拉链等设计，可以在一定程度上减弱腿短的视觉效果。

小P老师说

大臀部的人如果想穿紧身裤，可以选择质地厚并且提臀的裤型，尽量选择后口袋较小的牛仔裤，也有收缩臀部的视觉效果哦！

腿部烦恼：
臀部过大

臀部大会导致重心下移而影响身材比例，也就是说，即便你长腿细腰，也会因臀部大而变得不协调。

Yes

臀部过于丰满的问题可以用掩饰的办法解决，深色阔腿裤不仅能在裤型上修饰臀部，而且暗色系能在视觉上起到收缩效果，两者结合让大臀部消失无踪。

No

因为臀部过大，如果裤子轻薄瘦小，就会造成紧绷挤出肉肉的不雅现象，所以紧、贴、薄、透的裤子是大臀部女生的大忌。

（全书完）

特别鸣谢

CHANEL

GUERLAIN

TONYMOLY 托尼魅力

ESTĒE LAUDER 雅诗兰黛

SHISEIDO

YVES SAINT LAURENT

bareMinerals

LUNASOL

PRETTY CASE 美蒂凯丝

DAZZLE

on&on

OROTON

TED BAKER
LONDON

ANNE FONTAINE

BOBBI BROWN

图书在版编目（CIP）数据

3 分钟抢救美丽：小 P 老师的快速美妆窍门 / 小 P 老师著 .
— 长沙：湖南文艺出版社，2014.10
ISBN 978-7-5404-6917-7
Ⅰ. ① 3… Ⅱ. ①小… Ⅲ. ①化妆－基本知识 Ⅳ.
① TS974.1
中国版本图书馆 CIP 数据核字（2014）第 221811 号

上架建议：生活 / 美妆

3分钟抢救美丽：小P老师的快速美妆窍门

作　　者：小 P 老师
出 版 人：刘清华
责任编辑：薛　健　刘诗哲
监　　制：于向勇
策划编辑：杨清钰
营销编辑：刘　健
插　　画：尤艺潼
版式设计：龙戴云
封面设计：仙境工作室
出版发行：湖南文艺出版社
（长沙市雨花区东二环一段 508 号　邮编：410014）
网　　址：www.hnwy.net
印　　刷：北京尚唐印刷包装有限公司
经　　销：新华书店
开　　本：787mm×1092mm　1/16
字　　数：110 千字
印　　张：9
版　　次：2014 年 10 月第 1 版
印　　次：2014 年 10 月第 1 次印刷
书　　号：ISBN 978-7-5404-6917-7
定　　价：38.00 元
（若有质量问题，请致电质量监督电话：010-84409925）